# 死亡筆記

禮儀師的生死見聞

# 死亡筆記

## 禮儀師的生死見聞

自然 著

香港中和出版有限公司
www.hkopenpage.com

# 代序

大了

**大了（dà liǎo），曾經是天津人對婚喪嫁娶組織者的稱呼。現在的大了，專指從事白事的組織者。**

在你看這些文字的時候，也就是此時此刻，正有人閉上眼睛，永遠離開了這個世界。而你正在閱讀，呼吸均勻，意識清醒。想到這些，你或許會突然產生一種恐懼、壓力和緊迫感。你會不會下意識地珍惜今天？可能你會在網上給自己買下心儀很久的高跟鞋，下頓吃點兒好的，不再為了一點點的小事就氣得肝顫……反正你會暗自慶幸，自己還活著。

好像在一輛公車上，司機師傅大聲地提醒你：「我們車上有個小偷，希望大家看管好自己的物品！」你會立刻夾緊包，伸手摸摸手機錢包等貴重物品。還好，發現它們還都在。你會冷靜地看看四周，然後保持警惕，眼睛繼續望向車窗外。車窗外依舊車水馬龍，秋來春去。

在人生這趟公車上，死神就是個小偷，生命是貴重物品。雖然你盡量躲著小偷，但他悄悄地黏著你，還可以隱形。而我想做那個司機師傅。

對待死的不同態度，把我們大致分成三種人：

一、反正有死神這個小偷無賴在等著，不如活著的時候玩點兒刺激的，像坐過山車，玩的就是心跳，醉生夢死地揮霍生命。

二、總覺得有死盯著自己，像在考場，會不會答題都低頭看著自己手裡的那幾張票子。小心翼翼，不敢吃不敢花，存錢買房、看病。

三、隨便吧，像電影散場，不管走哪個安全出口，反正都要出去。工作五天休息兩天，不看書只看新聞最好是帶點花邊蕾絲的新聞。該吃吃該喝喝。

不論我們是哪種人，一生中與死親密接觸的機會並不多。

而大了與死神的距離，僅僅是前後腳。死神剛走，大了就到了。

大了這個行業，在天津已經有幾千年歷史。它曾經是天津人對婚喪嫁娶組織者的稱呼。現在，則專指白事的組織者。之所以起這個名字，或許其中包含著這層意思：人們覺得他們能把死——最困難的這件事情，打包了結。

社會發展到任何時候都一樣，誰家都要死人。白事的主角，很快就輕的成青煙，重的成骨灰。天津老例特別多，尤其白事中，程序相當繁瑣，大了就是白事中的總指揮。對！就和樂隊的指揮差不多。不同的是樂隊指揮的是樂器演奏，大了指揮的是人，包括死人和活人。

大了在一場白事中，到底要做些甚麼呢？

在白事中，大了做的第一件事是小殮，簡單說就是為死者理髮、刮臉、淨身和穿壽衣。緊接著是入殮，將死者由床上抬到租賃的冷藏棺中，並在他口中放一枚金錢，讓他順利地渡過冥河。冥河上有舟子負責撐船，死者口含的錢是船費。還要在死者左手放一個金元寶，右手放一個銀元寶。

處理好這些，大了開始佈置靈堂。死者頭前擺放供桌，上面正中央放遺像，在前面正中擺放香爐，裡面點三支香，快燒完時再點燃三支，兩旁為可以燒四十八小時的白蠟以及貢品，最前方放一盞油燈，不可以熄滅。大了還要把屋裡所有鏡子、懸掛的字畫、箱櫃上的銅活（器物上的銅製物件——編者註）全用白單子蒙上或糊上 桌上擺的帶有彩花的擺設都轉向後面。所有房間的燈不可以關，家裡的大門也會一直打開。

靈堂佈置好，大了繼續馬不停蹄地在門前搭起一個綠色大棚子。棚子內點長明燈，不能關，還要擺上燒紙，有紙牛紙馬，男性紮紙馬，女性紮紙牛。死者年齡超過六十歲，另要有一抬紙轎。棚子內也可以供親友們休息。在大門兩旁，擺放旁系親屬和其他親朋好友敬獻的花籃和花圈，門前立挑錢紙。

大門旁邊的牆上要貼門報，上書「恕報不周X宅之喪」字樣，告訴別人家中正在辦喪事，意思是，請寬恕我們沒有及時通知您，事情沒有考慮周全，多擔待。門前點長明燈，一般都是普通燈泡，也是晝夜亮著不能關。

第二天晚上八點或者九點就到了送路的時間了。送路儀式的第一項為開光，親屬站在死者一旁觀看，大了用棉花沾酒精擦拭死者的眼睛耳朵和嘴，開眼光、開耳光和開嘴光。接下來是開全光，大了要念吉祥話，並用一面小鏡子從死者頭部照到腳部，讓他自己「看」一遍，最後把小鏡子摔碎，然後送路才算是正式開始。親朋好友搭著紙牛紙馬、紙轎子和一部分花籃花圈，其他人各拿一支點燃的香，一起浩浩蕩蕩地來到十字路口或大路上，點燃紙馬紙牛紙轎子……還有花圈。

第三天最重要，是死者出殯的日子。大了會為每人準備一個小饅頭和一枚硬幣，硬幣放在饅頭裡。大了會讓全體晚輩再磕四個頭，隨後所有死者的親屬就要去往殯儀館。

白事最後，大了會帶著所有親屬焚化剩下的花圈花籃，所有晚輩還要再磕四個頭，全體親屬將手中的小饅頭、硬幣以及胸前佩戴過的白花丟進火堆焚化。

當所有親屬還在回來的路上，大了必須要提前一步回到死者家中，在門前點起火盆，回來的親屬都要邁過火盆，再拿一個小糖饅頭和一塊糖吃掉，而這些也都是大了提前準備好的。

做這一切的繁瑣事，死者家屬處處要聽從大了的妥當安排。

你看完這些，是不是要倒吸一口涼氣！所以說，大了可不是誰想幹就能幹得了的。

我就是個大了，祖傳幹這一行。平時我和朋友們喝多點兒酒，他們求著我講那些或驚心動魄或感人至深的白事。以下這些白事故事都是我親身經歷的。

講它們有甚麼意義呢？我覺得，起碼能讓我們想一想活著的價值。如果死不能選擇，只能有一種樣子，活著卻可以有無數種選擇，不必只像一塊鐘錶一般，在忙忙碌碌中轉動。

# 目錄

這是我媽媽自己準備的衣服，她以前就交代過，

死的時候，
要穿自己親手做的衣服。

# 壽衣不能提前做

夏天和冬天最容易死人了，一般死的都是老人。冬天還無所謂，天冷死人也不怕冷。可夏天不行，死人怕熱啊，尤其是四十多度，三天下來，滿屋子裡都是臭味。現在有冰棺材了，以前可沒有，就是拿兩盆冰放屍體下面。那個時候連個電扇都沒有。我記得小時候，有一次我跟著我爸來到一家。那是一個老太太，可能有八十多歲了，特別的胖，心臟病死的。老太太的壽衣是幾年前就準備好的，可他們忘了一點，老太太又胖了。難免的，家裡一有人死，人就慌裡慌張的。

我從頭說啊，中午吃過午飯，老太太說睡一會兒，後來就沒有醒，睡過去了。老太太這一沒有醒，全家人就都慌了。我爸爸那會兒也正在睡午覺，我放暑假，看電視，正演《西遊記》三打白骨精那集，他們家就來了。也不遠，我爸爸就喊上我，我們和串門一樣，溜達著就去了。

到了他們家，所有人都站著迎接我們的到來，老太太就和睡著一樣躺在床上，旁邊放著幾件衣服。此時老太太的兒子過來，對我們說：「這是我媽媽自己準備的衣服，她以前就交代過，死的時候，要穿自己親手做的衣服。」

「行！那是你們給你媽穿還是我們給穿？這天太熱，要穿就快點兒，一會兒人就容易發起來。」我爸對那兒子說，我爸是有職業經驗的。

「哦哦。對對，發起來，那你們給穿吧，這樣是不是也能快點兒。」那兒子說發起來的時候，眼裡全是恐懼。不知道為甚麼我突然想到一糰麵。

「那行！你們過來兩個人，幫幫忙。有剪子嗎？給我，我們先把老人的衣服剪開。再給我拿一瓶白酒、一塊乾淨的毛巾過來，給老人擦洗乾淨。」我爸話說完，至少有三十秒沒有一個人動，三十秒以後屋子裡的所有人又全部動起來。二十幾分鐘以後，已經都擦洗完，酒瓶也空了。行了，可以穿壽衣了。我爸多有經驗，拿起壽衣一看，又看了看老太太，就開始搖頭。

「這衣服做得太瘦了，你們自己看看。」我爸用手把衣服打開，我一看，心想，這老太太手真巧，給自己做了三件旗袍，其中一件還是夾棉的。她做的時候可能是冬天，也許以為自己能在冬天死，怕自己凍著。

「師傅，我媽媽是南方人，嫁給我爸爸才來的天津。您看看這怎麼辦呢？」那兒子更慌了。

「現在改也來不及了，也沒有這

個時間，你們幾個也別閒著，看看去哪裡弄點兒冰塊，大塊的那種。快去！」我爸全身都是汗，衣服都貼在身上了，跟剛洗完澡似的。

「師傅，那您看怎麼辦？我媽媽就這一個遺願。」兒子已經哭了。

我爸也急了，說：「你們幾個女的都給我過來，先把這衣服裡的棉花都給我掏出來。快點！」

此時衝過來兩個女的，都五十多歲的樣子，拿起剪子就把衣服剪了一個大口子，兩個人四條胳膊，伸手往外掏棉花。頓時，她們兩個成雪人的樣子。反正當時也顧不上那麼多了。很快又過來兩個人，她們一起掏，有的掏袖子的，有的掏後邊的。我想如果老太太看到這個情景，能活過來也說不定。屋子裡全是棉花，像下了雪一樣，加上大家又都出汗，棉花遇到汗都黏在手上身上臉上頭髮上。這可是八月最熱的伏天啊，場面太詭異了。還有一個老太太只蓋著個床單，等著要穿她這輩子最後的一件衣服。

最後四五個「雪人」可算把棉花

都掏出去了，壽衣也被剪得都是口子。我爸說這哪行啊，縫好了啊。「雪人」們又開始縫，這又過了快一個小時，再看縫好了的衣服，誰看了都傻眼，各種顏色的線，縫得亂七八糟的。一件好好的旗袍壽衣，這可是老太太的遺願，最後成了一件乞丐服。

我爸叫過來剛才那兒子，問他：「你確定，要把這件衣服給你媽穿嗎？」

兒子也頂著一頭棉花，拿衣服看了又看，當時也猶豫了。我爸說：「你要快點兒決定，老人那裡還等著呢！」兒子想半天說：「我和家裡人商量商量。」他拿著衣服走了。不一會兒工夫來了幾個人，都同意還是這件。

我爸爸深深地點了一下頭，說了聲：「那好！你是兒子，你就是孝子。我要先把衣服一件一件給你穿上，然後你再脫下來，一起給老人套上。」說完，我爸一使勁，只聽「呲啦」一聲，一隻袖子被撕下來了，然後是另一隻。那兒子剛要急，我爸說：「我不撕你媽不可能能穿進去。」然後一件一件讓他穿。都是旗袍啊，我長這麼大還是第一次看到一個男人，一次穿三件旗袍。穿好以後，我爸像個裁縫一樣，從身後面，把衣服一下子剪開，三件連在一起的旗袍成了左右兩個部分。然後我爸讓我幫忙扶著分左右兩部分給老太太穿好。袖子也是在後面剪開再套上。從表面看，根本看不來任何破綻。蓋上一層蒙臉布，又蓋上壽單，壽被被我爸直接省去了。

不知道被誰吃了。不過我肯定，不是昨天晚上在這裡的人。

你們都覺得我爸厲害，其實我媽才叫厲害呢。這可不是我聽說的，是我親眼看見的。小時候，我們家住五棟，前面還是後面的，我記得是十二棟。那天夜裡下大雨，我爸喝多了，怎麼都叫不醒。有人大半夜敲我們家門，說他們家有人上吊了，就因為兩口子吵了兩句。我媽一看，只能她去了。這和醫生一樣，大了救死扶死，都是要命人家才求你來的，不能拒絕。不是錢的事兒，再說那會兒也沒有幾家壽衣店，大了也少。都是鄰居，我媽媽也不好意思說，下雨了我們不想去。只能去，沒有辦法，把我叫醒了，跟著。我也習慣了，醒了揉揉眼穿上衣服鞋就跟著走。我啊，那個時候上小學三年級左右，也沒多想，從小這樣習慣了。我和我媽都穿著雨衣，那個時候我家還沒有雨傘。

我看到有個人躺在床上，據說救護車剛走，說沒有救了。我媽問：「她丈夫呢？」不知道誰回答：「被救護車拉走了，嚇得神志不清了。」我媽說：「那來吧。你們誰能說了算？」此時站出一個人來說：「你有甚麼事情可以和我說。」我媽說：「咱們大晚上的先不要鬧，把人先安頓好。穿好衣服。明天一早再通知大家，搭床板甚麼的也明天早晨再說。你們覺得行嗎？」大家紛紛點頭。用敬佩的目光看著我的母親。當然我也是。

我媽不胖不瘦，不黑不白，平時也不愛說話，但只要她說話別人就必須聽。我媽媽走到上吊的女人身邊對著她說：「你說你，沒事上甚麼吊？看你這眼珠子，都快跑出來了，還不捨得閉上，幹嘛呀？捨不得誰？還是有甚麼委屈？那你現在也說不出來了吧？誰讓你沒有事上吊的。來，閉上眼睛。」我媽用手把她的眼睛合上。這個鏡頭我也在電視上看到過。人民解放軍死了，只要聽見：「我們會替你報仇的。」眼睛就閉上了。我也以為，我媽媽說半天，怎麼也給個面子，可那個女人就不閉眼。我媽最後就拿手按著她的一隻眼睛，按了很長時間，有一點點效果，但還是不能完全閉上。眼睛都閉不上，怎麼給她穿衣服？所有人都看著我媽。但是她一點兒也不著急，對著屋裡的人說，看看家裡有蘋果饅頭甚麼的嗎？一會兒有人拿來兩個包子，不好意思地問我媽：「就有兩個包子，行嗎？」「拿過來吧。」我媽把包子按在眼睛上，一隻眼睛按一個，兩個包子在一張臉上。估計很長時間，屋子裡的人都不打算再吃包子了。後來我就在椅子上睡著了。沒有睡多會天就亮了。我一醒過來就想起我睡前那兩個包子，不知道起作用了沒有。我看到上吊的女人，蓋著單子。

我問我媽：「她閉上眼睛了嗎？」

我媽點了點頭，我看到桌子上一個碟子裡放著一個包子。

「媽！！怎麼只剩一個包子了，不是兩個嗎？」我拉住我媽問。

我媽不慌不忙地說：「不知道被誰吃了。不過我肯定，不是昨天晚上在這裡的人。」

整得場面和記者招待會一樣。我就坐在老人身邊，看著他們每個人打電話。他們也沒有人注意我。

**我和剛死去的老人成了隱形人。**

# 給我每人兩頭牛

這是前兩年發生的事。有時細想想，有的人就是很怪，老人活著的時候，不孝順，一定要死了以後才發孝心。這個老人有五個兒子兩個女兒。老人活著的時候，在每個孩子家住一天，正好七天。老人患有老年癡呆症，總以為老伴還活著，看見個人就問：「玉華回來了嗎？怎麼還不來看我啊？」

老人一百零二歲，他孩子最大的也七十多了。他們家個個比著有錢，生怕自己在兄弟姐妹面前沒有面子，這我第一次去就發現了。他們本來是請我爸去，但我爸已經退休了，這才勉強同意我去。我們不怕有錢的，就怕沒錢的。有錢願意當冤大頭我們熱烈歡迎。有一次老人進了醫院，他們就把我叫去，和我談葬禮細節。談了好幾次，老人卻好了，出院了。其實我知道，他們是想藉老人去世，把多年送出去的禮錢都收回來。搞得越大型人來得越多，禮錢就越多。

為了老人去世，他們特意租了一套房子，表面說是人多，其實他們每個人都不想讓老人死在他們自己家中。死去的老人從醫院被直接拉到了租的房子裡。我去的時候，沒有人哭，都忙著打電話，每個人都在打電話。意思都差不多：我爸今天早晨剛剛過去了……去世了……走了……找我媽媽去啦。整得場面和記者招待會一樣。我就坐在老人身邊，看著他們每個人打電話。他們也沒有人注意我。我和剛死去的老人成了隱形人。

這個葬禮從第一天開始就像是

一場大型鬧劇。有人還在門口空曠的地方請了一個樂隊。説是完全按照老人老家的傳統來。我這個大了其實就是個擺設。他們個個都是大了。我只管最後拿錢就行。但這畢竟是我的工作，我找到一個管事的，和他商量送路的事。

「不用商量，給我最貴的那個檔次。電視，冰箱，洗衣機，手機，甚麼電器都要有，還有房子，汽車，轎子都要。還有馬要十四匹。牛有嗎？給我兩頭！不行，每人兩頭，也十四頭，每個人兩頭。你不知道，我爸爸就喜歡吃牛肉！」他説得太認真，我都不忍心打斷他。

「您知道牛是幹甚麼用的嗎，大爺？不是用來吃的！那是讓牛幫著喝下去世之人生前浪費掉的水。做這個用的。不是吃的！我的大爺！」本來我對活人的耐心就遠遠沒有對死人多。

大爺告訴我：「這是我們家辦喪事，我們説了算，小伙子，你要聽我們的。我們要的越多，你不是掙錢越多嗎？你別管我們要多少。我們要多少，你給我們多少，不就完了嗎？」

我徹底妥協了。在我的大了生涯裡，這次葬禮可能成了這個行業的一個笑話。當天晚八點，送路好像是一場白馬和黃牛的嘉年華。讓我這臉都沒有地方放，連路邊看熱鬧的都説，這是拍電影嗎？十四匹白馬，十四頭牛，還有我都不想想了。光是牛和馬就是一條街。滿眼看去，起起伏伏的馬和牛。在路燈底下，在車輛中竄動，最後造成車輛嚴重擁堵，馬路上所有的汽車一動也不能動，只有高高被人舉起的大白馬和黃牛。要知道每一個這樣的模型，至少要兩個人才可以抬起行走。最後有人打了一一〇報警，警車都開不進來，警察都走得喘了。交警雖然來了，但來了也是白來。最後，我第一次以大了的身份被帶入當地派出所。

最後，他還是不放心說要再去找找，我在車裡等著。過兩個多小時，他回來了，手裡拿著一個玻璃球，問我：「你看，這是眼球嗎？」

# 後備廂的鐵鍬

你們有人問我好幾次，問我後備廂裡為甚麼有鐵鍬？鐵鍬是做甚麼用的？好！今天，我就給你們講講鐵鍬的用處。

自殺有很多種，但我告訴你，千萬不能臥軌。臥軌太慘烈，身體在一秒鐘時間好像放煙花一樣散開，實在不好收拾。作為大了，我討厭遇到這樣的情況。

但既然做了這行就要做一行愛一行。去年冬天，過年的前幾天，有人來到店裡，進門就直接下跪，嚇我一跳。進門的是個五十多歲的中年人，我說：「您這是甚麼意思？您慢慢說，別著急。」我想這是誰跟誰，哪兒跟哪兒啊。

「小師傅，我已經去了好幾家壽衣店了，有一家告訴我來這裡，說你們給處理這樣的事。多少錢我給，只要你們幫幫我就行。我兒子臥軌自殺了，他媽媽還不知道，警察看完拍了照片就走了。我給醫院太平間和火葬場打電話，他們都說不管這樣的事情，讓我找大了。小伙子，你是大了嗎？你幫幫我，我孩子身體還在鐵軌上。你怎麼也要幫我給他帶回來……」他一邊哭一邊說。我心也軟，我說：「您也別說了，我們走！」

也不知道這孩子怎麼想的，選了一個特別偏遠的地方，車都開不進去，等到了地方，星星都出來了。我說：「您帶手電筒了嗎？要不我們等天亮吧。這黑得連路燈都沒有，怎麼找？」孩子的父親哭著求我：「不行！如果野狗來了，把孩子叼走怎麼辦？！」

我一想也是。畢竟是父母心。我說你等著，我又回車裡，拿了手電、鐵鍬、幾個黑色大垃圾袋。

他拿著手電筒，我們一點一點地找。除了那點光，四周漆黑伸手不見五指。我問他：「孩子怎麼了？為甚麼臥軌？」他也不哭了，告訴我：「孩子心氣高就想考北大，這一次又沒有考上，失蹤好幾個月了，今天下午突然給我電話，說對不起我們，讓我來這個地方，帶他回去。我還以為，他沒有錢回不去了。我說，你別著急，我馬上去。你等著我，我們一起回家。可沒過一會兒警察就給我打電話，告訴我，我的兒子臥軌了，讓我馬上過去。」

大冬天我穿得也不多，手電照亮的地方又太有限，地上能找到的，我都用鐵鍬裝到了垃圾袋裡。最後，我說往樹上找找吧。手電一照，我們倆都傻了，孩子一條胳膊連著腦袋都在一個樹杈上。還好是冬天，沒有甚麼樹葉，看得清楚。

我說：「大哥，不是我不幫您，天太黑了，就算我爬上樹，一旦掉下來，都不好找，不如明天早晨再說。再說野狗也爬不上去。」其實我想說，我也爬不上去。太冷了，我已經都凍僵了。

他說：「你在附近找個地方睡一會兒，真是謝謝你！我就在這兒等著天亮。畢竟這是我的孩子，我不能離開他。」聽他這麼一說，我都想哭。我說：「您等著我去買點兒酒回來，我們暖和暖和。我陪您等天亮。」

我開車開了三十多分鐘，才找到一家小超市，買了一瓶白酒，又怕喝醉了，他一口我一口，蹲在鐵軌邊上，對著那棵掛著半個孩子的樹等天亮。太冷了，我就在鐵軌邊上來回地跑。冬天天亮得晚，蒙蒙亮的時候，樹上的孩子都凍僵了。我和他父親商量：「大哥，我是真爬不上去。您看能不能這樣？您抱著樹，我踩著您肩膀，用鐵鍬給鉤下來，我也沒有其他的辦法了。」他說行啊，就這樣吧。孩子是下來了，我怎麼都放不進黑色的垃圾袋裡，便脫下大衣和他父親的防寒服，用它們把孩子包裹好，放到了車裡。最後，他還是不放心說要再去找找，我在車裡等著。過兩個多小時，他回來了，手裡拿著一個玻璃球，問我：「你看，這是眼球嗎？」我說：「不是！這是玻璃球。」他說：「那行，我們回去吧。」現在，我和大哥成了朋友，他拿我當兒子一樣。我倆經常在一起喝喝酒，但誰都不提那天晚上的事情。

我一個大了，一個大男人，我跑了當了逃兵。我只能站在門口抽煙，幾分鐘以後，當我聽到了他們撕心裂肺的哭喊聲時，拿著煙的手抖了一下。

# 結婚第三天

結婚第三天的下午，新郎騎著摩托車去菜市場買菜，還沒有到市場，就發生了車禍，摩托車和新郎都改變了原來的形狀。

新娘一下子就變成了寡婦，變成寡婦也就沒有新舊了。新娘是我媽表姐的女兒，我們三天前剛剛參加了她的婚禮，三天後又必須要參加葬禮。

三天前，因為他們的婚禮我媽還特意給我放假一天，我還清楚地記得新郎新娘在婚禮上交換戒指，在所有人大喊「親一個」中，新娘親得新郎滿臉的口紅，一親還好半天，好多人都鬧著起鬨。記得結婚典禮的最後，新郎一把抱起新娘，對所有參加婚禮的來賓說：「我曾傑對天發誓，一輩子只愛我老婆麗雪一個人。永不變心！天地為證！」兩個人開心地笑著，彷彿全世界他們是最幸福的一對。

當時誰能想到，三天以後，新郎的一輩子就過完了。世事就像女人的心思，不僅無常還總是出其不意。

白事上，我看到的臉基本上是三天前的，都是參加過婚禮的人，可不嘛，我們的親戚朋友也就是固定的那些人，不管是婚禮還是葬禮，來的都是他們。只是每個人都不再笑，大家都很安靜嚴肅，連說話都很小聲，小聲到彼此貼著耳朵，生怕影響了這份安靜。

不知道是不是太安靜了，新娘的哭聲就顯得格外的大。她哭得不僅聲音大，關鍵是她哭著哭著，一口氣就憋住了，然後她身邊的好多女人就衝上去拍她的後背，不停地喊她的名字：「雪兒，雪兒……別這樣啊……雪兒雪兒，你喘口氣，聽話……」

好像在沒有喘上氣的幾秒鐘裡，她快死了，有人故意用手把她的頭按在水裡，死死地按著，幾秒鐘後再突然把手鬆開，新娘大口地呼吸，然後再被按進水裡，不停地反覆。給我的感覺，她不呼吸的幾秒鐘就是死，幾秒鐘後又活過來。可能死去活來，就是這麼來的吧？新娘就是這樣，哭得死去活來的，好像心被挖走了，她拍著心臟的位置，一句話也說不出來地拍著，痛哭。

這是痛，真痛才會這樣，痛苦到說不出一句話。如果可以說出來的痛和痛苦，可能就不怎麼痛了吧？

可以想像，這就好像死神把一個孩子剛放進嘴裡的糖，從孩子嘴裡活活地摳出來，自己一口給吃了，這孩子不哭死才怪呢。

新郎不是我們天津人，他是在天津上學然後留下來的。新郎的父母都是農民，在偏遠的西北。

兒子結婚，並且是在天津這個大城市結婚，對於他們是天大的喜事，他們坐著火車來參加了兒子的婚禮，婚禮當晚他們就又坐著火車回去了，兩位老人剛剛到家，就又要返回天津，參加兒子的葬禮。

這老天爺也真會開玩笑，但真的一點也不好笑。

通知曾傑爸爸的電話是我打的。

我說：「您是曾傑的爸爸嗎？」

電話那頭說：「是啊……我是！」

我說：「我和您說個事情，您不要著急，曾傑出了車禍，現在人在醫院搶救，您二老還是要過來天津……看看。」

電話裡曾傑的爸爸馬上說：「曾傑又給你們添麻煩啦？真是麻煩你們了。」

他說的不是普通話，但是我還是能聽懂。老人的反應和我們大多數的父母不太一樣，這讓我沒有想到。不是首先詢問自己孩子的情況，而是先道歉又感謝。這可能就是淳樸，一個老農民的善良，他總是為他人著想，到最後也想不到自己。我聽老人在電話裡一直道歉感謝，心裡特別不是滋味。

我說：「大爺，您和大娘還是要再回來，曾傑撞得挺嚴重的。您們還是過來看看……看看好。」

我說的時候，覺得自己就是個騙子，那種電信詐騙的騙子，說得都心虛。

老人聽了在電話裡，長長地「啊……」了一聲，說：「嚴重啊？他在嗎？讓他和我說上兩句，我和他商量商量。」

他完全不緊張也不往最壞的死上想，可能在他看來，被汽車撞了和被驢踢了一腳被狗咬了一口一樣，都不是甚麼事兒，拍拍土站起來，最嚴重不過就是去趟醫院打一針。

他這樣說，不是讓我為難，而是讓我難受，好像突然一不小心掉進一個倍深的坑裡，心不自覺地往下沉，也不是想哭，就是說不上來的那種難受。

我支支吾吾地說：「他不在。您和大娘還是盡快來天津吧！買最快的火車！現在馬上就收拾一下，上了火車打這個號碼，這是我手機，到了天津站，我去接你們。大爺，您聽我的，時間不多了……要快！」

老人可能聽出了我的意思，最後只是說：「哦哦，好好。」就掛斷了電話。最後也沒有問我，他的兒子到底撞得怎麼樣。掛了電話，我對自己說：「以後這樣的活兒我可不幹了，太難受。還是好好地做我的大了好，和死人不用對話。沒有對話就沒有難受。」

我去天津火車站接的他們，他們還是婚禮上穿的那身衣服，大娘還穿著棗紅的襖，大爺手裡則提著特重的一個兜子，我接過去，他不好意思地說：「不用，我能拿，來一趟不容易，帶了點自己家地裡種的。」

我看見他們，掉深坑裡的那種難受勁兒又上來了。我不知道怎麼和兩個像孩子一樣的老人說，但又必須說，可怎麼說？這個活兒真不是人幹的。

一路上我遇到了五個紅燈、六個綠燈，可我還是沒有說出口。

我都嫌我自己沒用！到了地方，

他們看到了門口的花圈，我就以為他們會知道。可兩位老人下了車，大娘問：「這是誰家有人死了？」我一想到幾分鐘以後，他們就會看到是自己的兒子死了。我真的不敢再往下想了……

他們進去，我沒有敢跟著進屋。我一個大了，一個大男人，我跑了當了逃兵。我只能站在門口抽煙，幾分鐘以後，當我聽到了他們撕心裂肺的哭喊聲時，拿著煙的手抖了一下。

我沒有養過寵物，
為了顯得莊重，
我還真把王心肝當成個人，
當大姐的兒子看待。

我還給狗辦過白事，沒有和你們說過吧？

那是個大姐，一大清早就給我打電話，我不知道她是怎麼知道我電話的。說她兒子死了，讓我馬上過去。她告訴我地址後，人命關天的，我立刻奔著就過去。

她家還挺大，上下樓，老大一個

庭院。不知是保姆還是管家很客氣，給我端茶。一會兒給我打電話的大姐下樓，我問：「您兒子現在在醫院了嗎？」因為我看家裡也沒有人，我想人可能都在醫院裡了。

「不在醫院，在樓上。我兒子叫王心肝，一直都很健康，不知道怎麼的，這幾天就是不吃飯，我也沒有當回事就沒有去醫院，昨天夜裡他就是不睡。今天一早，我去看他，就死了。」大姐說的時候，哭得特別傷心，中途停半天，好幾次都說不下去。

我說：「您別傷心，我先看看。然後我們再商量怎麼辦。」

上了樓，進到一個房間，床上躺著的只有一條狗，準確說是一條金毛犬。當時我就有點急，我說：「大姐，我是給人辦白事的，不是給寵物。」大姐也急了：「這不是寵物，這是我兒子王心肝。我請你來，就是當兒子死一樣辦。你不要拿他當寵物。你這樣說我很生氣。」

「對不起大姐我可能不太會說話，但是我確實只會給人辦白事，對於其他的我沒有經驗。要不，您還是找別人吧。我真不會。」我想這大姐可能受過甚麼刺激，精神有問題。

大姐一把鼻涕一把眼淚，哭得那個傷心就別說了：「我說小伙子，我請你來就是當人辦喪事一樣辦，給我兒子一個和人一樣的葬禮。我兒子甚麼都懂，他就是個人，只不過是狗的身體。我兒子都不如他對我孝順。我兒子和他爸爸都在美國，就是我這個兒子陪著我，這麼多年……你給人辦葬禮多少錢，我加兩倍給你。」

有錢能使鬼推磨，有錢也能給狗辦白事。關鍵我也是看大姐對狗勝過對兒子的感情。我就只有同意了。

白事辦得很平靜。首先大姐發出邀請，請了小區裡經常和王心肝一起玩耍的小伙伴。有五隻狗與他們的主人都出席了葬禮。其中一條金毛犬據說還做過王心肝的老婆，曾經為他生過兩個孩子，現在兩個孩子都已經長大成狗，生活得很好。

大姐給王心肝穿了一件黑色西裝，還有白色的領結。鮮花圍成心型，王心肝躺在中間，穿著西裝。我沒有養過寵物，為了顯得莊重，我還真把王心肝當成個人，當大姐的兒子看待。

葬禮在大姐家的客廳裡舉行。大姐對著兒子心肝念了悼詞，來的鄰居朋友幾乎都講了一個關於心肝的回憶。然後我們坐著車，去了大姐為兒子買的墓地，心肝被一條黑色的毯子包裹著，由大姐抱著，依依不捨地放入墓中。

墓碑上刻著：王心肝媽媽永遠愛你。大姐最後大哭一場，傷心得幾乎要死過去。她一哭，她身後幾條狗也跟著鬧，我是不懂啊，它們是因為傷心，還是它們看到大姐傷心地哭嚇壞了。

回來後我想這個大姐也真是可憐。屋子大有甚麼用，沒有人陪，太孤獨。

讓我們再看一眼夏夏，

# 我不哭，哭了看不清。

夏夏生病的時候都不哭，

我們也不哭。

# 哭了看不清

做大了我最怕的還是遇到孩子的白事。有的老人去世時八九十歲，已經算是老喜喪。但是小孩子不是，他們還沒有看懂這個世界就離開，太可惜。

一個三歲的小女孩患白血病去世了。她的父母都是普普通通的工人。她媽媽還算堅強，拿出一條米黃色的小裙子，自己給孩子換上。孩子小胳膊小腿，瘦瘦的，梳著兩個小辮子，辮子上紮著紅色的綢子，眉心間點了一個紅色的小點。紅色的小嘴巴緊緊地閉著。她媽媽說：「孩子終於不再難受。不知道疼了。」

每次遇到這種情況，我都不知道該說甚麼好，只有沉默。孩子是父母身上掉下來的肉。任何安慰的語言都顯得多餘。作為一個大了，我們只有多做少說。

孩子小名叫夏夏，她是夏天出生的。孩子的爺爺奶奶姥姥姥爺都還健在，四位老人坐在孩子身邊，始終不肯離開，就是吃飯時，想扶著他們走，老人也堅持守著。奶奶說：「還有兩天，夏夏就真的離開我們了。最後這兩天，讓我們好好陪陪孩子。」

作為一個合格的大了，有一個地方是最能體現他的工作能力和作用的，那就是在遺體告別見最後一面的時候。看到這四位老人我就開始擔心那個最考驗我的環節，我不建議老人去火葬場參加追悼會，不希望有老人因為過度傷心而發生意外。雖然他們一再堅持一再承諾，但我知道誰也無法保證做到不傷心不難過。我沒有想到的是，老人們自己打車跟在靈車後面，偷偷地到了追悼會現場，站在最後面。當我發現四位老人的時候，他們已經站在了孩子的面前。沒有大哭大鬧，戴著老花鏡，貼著水晶棺材，像欣賞一件藝術品一樣，靜靜地抹著眼淚。我讓人上前攙扶，老人卻平靜地說：「讓我們再看一眼夏夏，我不哭，哭了看不清。夏夏生病的時候都不哭，我們也不哭。」

那個鏡頭很長時間都留在我記憶裡，怎麼都忘不掉。

可以與死者交流，

並讓死者上他的身體與親友對話。

# 大師也怕嗆

有的人特別迷信，迷信那些江湖騙子的騙術。我遇到最有意思的一次，是關於一位所謂的大師。大師可以告訴活著的親屬，死者死了以後去哪裡了。大師還能和親屬對話，和死者合作演一場雙簧、一場相聲。我不能點破，人家真信啊！

車禍的白事特別麻煩，至少要五

天以上。一般情況最多也就是三天。車禍的死者通常不放在家裡，都在醫院太平間冰櫃裡待著，家裡就是放張照片擺個靈堂。因為是車禍，所以家裡人總覺得死者一定有話要和家裡人說，或者有甚麼交代。他們家人問我，會不會這個？我說我就是大了，不會。這是中午的事了。到了下午五點左右，他們請來個大師。大師四十多歲，很瘦也很精神，穿一身像道士服的衣服。大師說可以與死者交流，並讓死者上他的身體與親友對話。大師讓現場保持安靜，保證在場人員都是死者最親近的人，每個人只能問一個問題，詢問的人不能超過三人。

這樣的機會難得一見，我怎麼能錯過。大師閉上眼睛，嘴裡念念有詞，鬍子眉毛一動一動的，說的甚麼可能只有他自己知道，表情那叫一個豐富。他手裡拿著一大把點燃的香，雙手晃動，煙霧繚繞。我有點擔心他會燙傷自己。突然大師說話的聲音變成女聲了，也像電視劇裡演的太監一樣。我忘了介紹，車禍去世的是一位四十多歲的大姐。

此時要提問的人都跪好了。

第一個人問：「姐，你和我有甚麼要說的嗎？」

大師用太監音回答：「你們為甚麼要把我找來？我正要趕去個好地方。我和你沒有甚麼好說的。你好好活著吧。」

第二個人問：「你死得太突然，一定有話沒有說，想和我們說吧？」

大師用太監音回答：「你們都好好過吧。我和你們今生的緣分就到了。這就是命兒，我的壽命到了。」

第三個人哭著說：「媽，我想你。」

大師用太監音回答：「孩子！媽媽做得不好的地方，你不要恨我。我也是為你好。」

這不和沒說一樣嗎？還有這大師從前是說評書的吧，聲音轉換得也太好了。

然後，哭聲一片。打開門，屋子裡擠滿了人，可能看熱鬧好奇的居多，煙霧太大，又不開窗，全亂套了。

我不知道大師甚麼時候就不見

了。我擠出人群走到樓道上，看到樓道拐角上，大師一個勁地咳嗽，估計是嗆的。原來大師也怕嗆。

一個上午的喜慶頓時變成悲傷，可以明顯地看到人們的不適應，尤其是新郎新娘。

你們知道如果紅事與白事趕在同一天，應該怎麼辦嗎？

在中國，一直是死者最大。古時候，老百姓看到官老爺的轎子都要讓路，可一旦官老爺的轎子遇到出殯的，他會為出殯的讓路。所以白事在所有事情中是最重要的。要先辦白事。

這種事雖然少但不是沒有，我遇到過一次。兒媳婦進門，公公忙碌了好幾天，到了結婚那天，在酒席上一高興，心臟病犯了，中午吃一半飯坐在椅子上人就過去了。救護車來一看人已經去世。我接到電話，直接趕到酒店。老人躺在幾把椅子上，新郎新娘站邊上，只會哭。

我說：「先別哭，你們倆先回家，把衣服換了。再給我來幾個人，把老人拉回家再說。誰知道住哪裡？把人放我車上。」

回到老人家取下所有的喜字，把所有的鏡子都用白布遮蓋起來。一個上午的喜慶頓時變成悲傷，可以明顯地看到人們的不適應，尤其是新郎新娘。上午他們看見的都是笑，下午就變成看見誰都在哭。死者的老伴哭得更傷心，一天之內她生命裡兩個重要的男人都離開她了。等把老人安頓好，花圈也擺上，我坐在門口的椅子上吸煙。新郎過來坐我邊上說：「哥們，謝謝你！沒有你我們真不知道該怎麼辦。」說完就哭了。我拍了拍他的肩膀：「不用客氣，我就是幹這個的。」

老人走得很安詳，沒有受甚麼痛苦，別太傷心。以後多照顧點老娘比甚麼都強。」他重重地點了點頭。

做大了其實還是和活人打交道，誰是真哭，誰是裝的，一眼就能分辨出來。那個過門只有半天的新媳婦，我看她一邊哭一邊看著身邊的人，哭得都那麼慌張。如果去世的是她的父母，一定不是這樣為了哭而哭。與死者有沒有感情，在哭的時候，就能看出來。

# 我不信鬼不信神，

我就相信，人要好好吃飯好好睡覺好好活著！

# 人死了不還是人嗎

做大了後給我印象最深的是一個老奶奶。她八十一歲，死去的老伴比她大兩歲，兩個人沒有子女，相依為命地生活了五十多年。我以為她會特別傷心，但是沒有。她很平靜。她沒有任何親戚，去世的老人也沒有。她說親友們都已經去世。她要我把冰棺材的蓋子拿走，她隨時想看老伴就掀開布看看。我從來沒有見過這樣冷清的白事，沒有一個親朋好友，只有她一個老人，連個鄰居都沒有。她竟然能笑著對我說：「我有你一個就行了，你不是大了嗎？專業做這個的。我們喜歡清靜，人來得太多，我們都怕亂。從前，我們就商量過，如果有一個人先走了，另一個怎麼辦。」

「怎麼辦？」我好奇地問。

「他說啊，我走了，你就去老人院每天和幾個好姐妹聊天說話不寂寞。如果你先走了，我也和你一樣。他一邊說還一邊笑，我老頭可喜歡開玩笑了。每次我們商量這個話題，他就這樣說，自己笑得比誰都開心，像個孩子一樣。」八十歲的老人，頭腦清楚，聽得清楚，眼睛也不花，真不簡單。

聽她這樣說，我也笑起來：「您們在一起生活一定很有意思吧？吵過架嗎？年輕的時候為甚麼沒有要孩子？」

「怎麼能不想要孩子呢？世軒多喜歡孩子你是不知道，但是我不能生小孩。我們年輕的時候，全國能去的醫院都去過，但還是沒有治好我的病。我和他商量要不離婚，要不我們可以領養一個孩子。他都不同意。他說離婚幹甚麼，我們結婚又不是為了生孩子。領養一個孩子等長大了告訴他，我們不是你親生的父母，那孩子得多難受。還是隨其自然吧。就這樣，一隨就到現在。」老奶奶笑著繼續說：「還真沒有吵過，因為都能商量。我們倆都是開朗的人，不把甚麼小事放在心上。」

這個奶奶最有意思的是，晚上要關門關燈睡覺。這是我從來沒有遇到過的，讓人印象深刻。白事有白事的規矩，其中一條是不能更改的，那就是晚上要開著門，白天也必須點著燈，不關門不關燈，還必須有人守靈，保持靈堂前的香不能斷，意味著香火不斷。但是老奶奶不信這個。她說：「大白天開著個燈，太浪費。還有晚上不關門跑進來隻老鼠怎麼辦？不關門也太冷，實在沒有必要。晚上不關燈，我也睡不著。」我腦子裡出現了一個畫面：外面放著死去的老伴，老奶奶關著燈在裡面睡覺……

出於大了的職責，我必須要說：

「奶奶，這個可不行。我是大了您要聽我的。晚上不能關門更不能關燈，睡覺可以，但是必須要有人守靈。守靈您知道甚麼意思嗎？我看您也不知道，我告訴您吧，守靈就是至少有一個人守在您老伴的旁邊。」

奶奶不慌不忙地說：「哪那麼多的事兒，我是六十年的老黨員了，不迷信，不信這個。再說了，世軒都死了一天，他又不能活，如果能活過來就好了。再說了，就是死了這折騰一天，他也累啦。我了解他，如果他活著他也是和我一樣的。」

「關門關燈，那您能睡著嗎？」我小聲地問。

「能睡著啊。你別那樣看我小伙子，我腦子沒有問題。我就是不明白，人死了不還是人嗎？幹嘛一定要搞得雞犬不寧的，那都是給活人看的。我是老黨員，我不信鬼不信神，我就相信，人要好好吃飯好好睡覺好好活著！」

老奶奶的三個「好好」徹底把我說服。我說：「那行。奶奶，您晚上都幾點睡？我就幾點走吧。」

晚上八點多，我給奶奶把門關好回家。回家跟我媽說，我媽說：「這老太太心夠大的。不簡單！」誰說不是呢。第二天我早晨去時，門關著，我進門以後問：「門還開著嗎？」奶奶回答我：「開門？等誰啊？」我說：「我明白。」順手把門就關上了。

第三天火化車來以後，我找了四個人幫著把爺爺放上車。特別安靜沒有鞭炮也沒有花圈，我扶著奶奶上了車。火化車司機師傅問：「還有其他車嗎？」我回答：「沒有。」司機又問：「還有其他人嗎？」老奶奶回答：「沒有。」司機特意把頭旋轉過一百八十度，看了我們足足有三十秒。「開車吧。」奶奶最後說。好像我們坐的是一輛出租車。

一個月後奶奶打電話告訴我：「我已經住進一家老人院，正像世軒說的，每天和幾個老姐妹在一起聊天吃飯。我想我死了以後，我的後事也由你來辦。我已經把我的緊急聯繫電話寫成你的號碼。我想還是提前告訴你一聲比較好。」

有時間我會給她打個電話，說說話。她說她身體越來越好，可能要讓我等好幾年才能辦她的葬禮。

在我眼裡，死者就是一棵植物。不管這植物是整個的，還是零散的。

# 斑馬線

最怕接到交警的電話。他們只在遇到處理不了的車禍慘案時，才會給我打電話。這個號碼經常會在半夜響起。電話裡通知我地點，我就必須要去，因為這是我的工作。

那天，凌晨三點多我到了車禍現場。一看，和郭德綱說的相聲似的，人都壓成了斑馬線。身體壓成紙一樣，內臟在身體外面，還不集中，血就不要說了。夏天拍死的蚊子甚麼樣，那人就那樣。

交警都戴著白色口罩，我習慣了，不用這個。交警很佩服：「你還真行，我們有兩個新人都吐了。你給收拾一下，救護車上有袋子，你給裝袋子裡，再放救護車上。錢回頭醫院給你結算。」

「這是怎麼了？」我問。

「怎麼了？喝酒飆車，可能還服用了興奮劑。從大橋上衝下來，又被摔出車，摔在馬路上，被好幾輛車壓過，就成這樣了。」交警跟說相聲似的：「我們在他車上沒有找到駕駛證，手機在他身上，和他一樣，全散了。只能等明天早晨通知他家屬。這人才二十多歲。」

救護車上有個人正看手機，看見我立刻對我說：「師傅，一會兒你千萬別走，和我一起回醫院，把人放冰櫃裡再走。我就是個司機。」

我笑著說：「那還是人嗎？都成紙片啦。」

司機歎氣說：「我都不敢看。他喝酒了吧？我就說！千萬不能酒駕。這不是找死嗎？」

拿著鐵鍬一鐵鍬一鐵鍬地往袋子裡裝，肉都是碎的，更不要說骨頭了。每到這個時候，我就會打心眼裡感謝我爸。是他從小就把我鍛鍊成一個鋼鐵俠，不懼怕任何死者。在我眼裡，死者就是一棵植物。不管這植物是整個的，還是零散的。

這個人的白事也是我給辦的。我不知道是交警還是醫院給了死者家屬我的電話，這家人第二天下午找到了我。「斑馬線」的父親是個有錢的商人，說話不一般：「你這麼年輕，能辦好我兒子的葬禮嗎？我可不想丟臉，我兒子的葬禮要辦好。要不，我找幾個人協助你一下？你昨天晚上在現場有幫助，我是信任你的。雖然你很年輕，但是聽說你經驗很多，你家是祖傳做大了的，這就很好。錢你不用擔心，我和公司財務已經打過招呼，他們會聯繫你，你要用錢就直接找他們。還有關於你的報酬，你放心我們是不會少給的，我諮詢了一下現在大了的行情，最後我們一起結算。你看，你還有甚麼問題？」

我也很嚴肅地告訴他：「我沒甚麼問題，倒是您兒子的問題比較嚴重。我想您現在可能認不出來他。您首先需要一個很好的入殮師，否則我勸您還是取消最後的遺體告別。如果沒有，我可以幫您找。還有，給我一張他的照片。」

我發現有些人有了錢就不會好好說話。拿著照片，我就去醫院太平間。這還用找入殮師？我一人就可以。從袋子裡把「斑馬線」倒出來，把出來的內臟都放回去，這都簡單，關鍵是臉，臉的關鍵是皮，沒有皮膚一切都是零。這個太專業，和你們一句半句也說不清楚。反正最後我覺得算是可以。我給不會好好說話的老總打電話：「我說入殮師已經整理好了，需要給您拍張照片過去讓您看看是否滿意嗎？」我就聽見電話那頭說：「不用！不用！你覺得好就行了。」掛上電話，再看看「斑馬線」，我都崇拜我自己了。

這真是個盛大的白事，我沒有看到悲傷。後來才知道「斑馬線」

從小就沒有媽媽，爸爸又整天忙著掙錢工作不管他。也是個可憐人。誰攤上這樣一個爹，都好不了哪去。

他開著車在高速上睡了。睡著睡著他就睡過去，沒有再醒過來。

# 司機師傅都長點心吧

我覺得人最幸福的離開，就是穿著自己的舊衣服，躺在自己的床上。你覺得這有甚麼啊，這還不簡單啊。可不是啊，你知道誰出門能遇見甚麼事，說死在外面，還就真不能趕回家。這個死可不是我們能選擇的，和你想今天吃嘛（甚麼——編者註）飯可不一樣。

前面說的那個肉都撞碎了的，在交通事故中雖然不常見，但因交通事故去世的，真沒有幾個好看的。再說一個?行，你們幾個開車的司機師傅都長點心吧！

有一個司機睏了，心想著我就睡會吧，他開著車在高速上睡了。睡著睡著他就睡過去，沒有再醒過來，車翻進路邊十幾米的深溝裡。關鍵他開的還是一輛拉煤的貨車。人費老大勁拉上來送醫院的太平間。

我經常去的地方就兩個：火葬場，太平間。火葬場現在修得跟花園似的，不知道的遊客遠看還以為是個景點。但是太平間就不是這樣，基本上都不會和高級的病房區緊挨著。我看到的醫院的太平間都是單獨的幾間平房。從前更簡陋，跟車庫也差不了多少。說是太平間其實就是幾個大型冰櫃。主要的目的是防止屍體腐爛，跟你們家冰櫃一樣，東西甚麼時候想吃就拿出來，一隻雞，放一年也不壞。只不過你們家放的都是雞鴨魚肉，太平間放的是屍體，作用是一樣的，都是為了保鮮。

司機不是咱本地人，想在天津火

化，去店裡買壽衣，問有人能幫忙穿一下衣服嗎？那天正好我在，就跟著去了。到了一看，人都冰凍好幾天了，又加上人扎溝裡比較深，從頭開始半個身體都是黑的，跟剛剛拔出來的藕一樣，全都是污泥。身體無所謂，可頭不行，頭不是個球，它有鼻子眼睛耳朵，這可都能進水進泥，再一凍，得，成水泥了。

這個局面可是我當時沒有想到的。我想擦肯定是不行，都乾在一起成非洲人一樣，擦是擦不掉的，只能洗，可洗也不好洗，就是拿洗車的水槍沖，又怕把臉皮沖壞了，畢竟人死亡時間太久又凍過再化開再沖，也不行。我看著這個黑了臉的倒霉人，真是為難。旁邊家屬還一個勁地催。我也急了：「要不就這樣穿，反正你們讓我來就是給他穿上衣服。關於去泥，你們當時也沒有和我說明白。你們自己選，如果去黑去泥，這個非常麻煩不好弄。」一聽我這樣說，旁邊有人就哭了：「不行啊小師傅，這是我哥哥，我媽已經知道了，一定要來天津看我哥哥最後一面。人已經在路上。我哥這樣，怎麼讓她老人家見啊！求求你，幫幫我們。我們雖然沒有多少錢，但你說要多少，我們讓家裡人借也給你。」

我說：「這不是錢的事兒，也不是我能力的問題，是真不好辦。」思考半天終於想出一個不是辦法的辦法。我說：「這樣，先要等人完全化了，你們去買一個大一點的澡盆，塑料的木頭的都行。先把人放水裡泡泡看看。如果行，泡得差不多的時候，我們再一點點沖洗，需要多長時間我不知道。只能是試試，但我覺得可行。」我一說完，他們幾個人一起跪下，哭著說：「謝謝！謝謝！」「別耽誤時間，別跪著了，趕緊地去買盆去！」

最後這個方法還是管用的。人洗乾淨再穿上新壽衣，這個倒霉的司機，立刻就精神了許多。你們說，做個大了容易嗎？

她最後說的也是她最想說的一句忠告：過馬路的時候，不要看手機！她是真的把朋友圈裡的所有人當成朋友。

真不懂現在的人們，做甚麼都愛拍照，拍了照還發微博發朋友圈，做甚麼就怕別人不知道，活得跟演員似的。現在的九〇後，看到爺爺奶奶去世，好像和他們沒有甚麼關係，開著追悼會，我經常看到他們低著頭刷手機，拍拍照片，發朋友圈。

有個老人，老伴去世以後特別孤單。老人的女兒也孝順，就說：「媽媽要不給您買個智能手機，您學著聊天吧。」給老人下了微信、QQ等聊天軟件，手把手教給母親。老太太學得也快，慢慢不覺得無聊。搖一搖功能讓她結交了附近很多人，只是老人很少，因為老年人基本上都不會用微信。忘年交也是種友情，老人有了很多年輕朋友，有開微店的，有親戚，與孫女外孫也經常用微信聯繫。

有一天早晨她出去遛彎，過馬路的時候，因為低頭看手機，沒有注意來往車輛，被一輛摩托車撞了。她覺得沒有甚麼事情，站起來撣撣土就回家了，到家以後覺得不舒服，去了醫院才發現脾臟破碎大量出血，醫院下了病危通知書，讓家裡人把她拉回家，已經沒有辦法醫治。回家的時候，她還很清醒，知道自己快不行了，說我要看看我的壽衣。讓子女去買。我拿了幾件，和他們一起回家，讓老人選擇。老太太意志特別頑強，一件一件地看，說：「現在就給我穿上吧。我發個朋友圈告訴朋友們一聲，就算告別了。」

大家一起動手，很快老人就穿好了，給她拍了照片。她最後對女兒說：「和大家說，以後過馬路的時候，不要看手機！」當時真沒有人覺得好笑，因為這是老人最後的願望，我們所有人都必須滿足。幾分鐘以後，老人就去了。後來我對她女兒說：「我想看看那張照片下面的回覆。」她女兒說：「別看了，我刪除了。回覆的都太可氣，說甚麼的都有。大多數以為是搞笑搞怪的，說得特別難聽。還有很多人點讚。我一生氣就刪除了。」那天我偷偷加了老太太的微信，根本不用驗證，在微信上，她叫老頑童。可能人一老就變會回孩子，有孩子特有的童心和善良。

有幾天，一想到「還有很多人點讚」，我就苦笑。朋友圈只能點讚。連網絡的社交軟件都設計得太正能量。人還是樂觀一點的好，就像老太太都要死了，穿上壽衣還要和朋友圈的人告別。她最後說的也是她最想說的一句忠告：過馬路的時候，不要看手機！她是真的把朋友圈裡的所有人當成朋友。

記得我看過一個笑話，從前我

不信，經過這個事情，我也信啦。那笑話說：如果我媽媽在網上說「我都哭了」，那她就是真哭了。

我沒有辦法和一個五歲的孩子，

解釋甚麼是死。

# 奶奶的白頭髮

從小到大做大了，對死人早就麻木了，不覺得為死去的人有甚麼可哭的。我已經喪失了對著死人哭的能力，但我沒有丟失感動。感動的時候，心疼的時候，我也會哭，我不覺得一個大男人哭有甚麼丟人的。不知道是誰說的，眼淚是心裡融化的冰，說得還真對！

和大多數女人都怕老鼠一樣，大多數的人也都怕死人。你問這是因為甚麼，其實也沒有甚麼原因，怕就是怕。在給死者整理完遺容，穿戴好壽衣，蓋上壽單以後，死者的親友不可以隨時想掀開單子看就掀開看，不可以誰想看就看，想甚麼時候看就甚麼時候看。因為死去的人臉上的膚色會發生一定的變化，膽子小的，可能比看恐怖片還刺激，再嚇出個好歹的，一場白事就能造就幾個精神病人。

一個活人蓋著被子正睡得香，來一個隨便甚麼人，掀開被子就看，那個活人一定跳起來，給你一下子。死人雖然沒有能力跳起來給你一下子，但白事也有白事的規矩。大了就是維持白事規矩的。

有一個七十多歲的老太太，心臟病，幾分鐘的工夫人就走了。我記得是個冬天，老太太家裡特別的冷，說話都冒白氣，比屋子外還冷。除去特別冷，這個白事和其他白事沒有不一樣。都是哭哭鬧鬧的。

因為老人家和冷庫一樣，所以我沒有建議租用冰棺材。整間屋子的溫度比冰棺材低多了，實在沒有必要。搭了個簡易的台子，把老人放在上面。我發現，有一個四五歲左右的小女孩，總站在老太太的頭前，擺弄她的頭髮。我阻止過兩次以後，有點好奇，不知道這個孩子為甚麼要這樣做。我把她叫到外面有陽光的地方，讓我們兩個都好好地暖和暖和。

陽光照在孩子天真的臉上，我問她：「你叫甚麼名字？幾歲了？」

「奶奶叫我小累贅。五歲。」孩子說話的聲音比蚊子叫的聲音大不了多少。

「小累贅，你的爸爸媽媽呢？我要和他們說點事情，你可以把他們叫來嗎？」

「他們離婚了，都不要我，我就一直跟著奶奶。我不知道他們去哪裡了。」孩子低著頭，好像是她做錯了。

不知道為甚麼，眼前的這個孩子，讓我想到了可憐的三毛，心疼得要命，比看見多少人死了還心疼，後面的話我都不知道怎麼問了。

孩子看著我，小聲音問：「叔

叔，是不是奶奶也不要我了？我怎麼叫她都不起來，我都求她好幾次了，從前我不聽話，奶奶和我生氣也會睡覺不理我，但只要我給她摘白頭髮，她就原諒我。奶奶最喜歡讓我給她摘白頭髮。你看！這是我剛才給奶奶摘的。我要摘很多，奶奶才會醒來嗎？才不會再生我的氣嗎？」

我快哭了：「你讓奶奶生氣了？為甚麼讓奶奶生氣？」

孩子委屈地哭起來，眼淚和下雨似的，她用兩隻袖子狠狠抹著眼淚，兩邊臉頰立刻就紅了：「我和奶奶要媽媽。奶奶一著急，就倒在了地上，到現在也不起來。奶奶生我的氣，也不要……我……了。」

我把孩子抱起來。用手幫著她擦眼淚。「小累贅不哭啊，奶奶給你找媽媽去了。奶奶小聲地告訴我，她原諒小累贅，她只是累了，需要去一個地方好好休息。但是奶奶是最愛你的。她也不放心你……她也不想離開你……」

「叔叔，我知道我錯了。我不應該和奶奶鬧，不該和奶奶要媽媽。我以後不會了。我不要媽媽啦，再也不要了……你讓奶奶起來行嗎？別讓她走。別走……」孩子哭著求我。

在冬天的陽光裡，我不出聲地哭，哭得像個娘們。我沒有辦法和一個五歲的孩子，解釋甚麼是死。

她們都是猴子派來的救兵，來幫咱倆的！給咱們送錢來的！

# 猴子派來的狐狸精

說一個讓我今生難忘的鬧喪，沒有看見過比這個更找樂的。

鬧喪，就是有人藉著白事，大吵大鬧。因為來的人多，有足夠的觀眾觀看，鬧喪就是來找茬，丟這家人的臉。你說說，這要有多大的仇才可以？人都死了，還不依不饒的，讓人死都不得安寧。

每當鬧喪的事情發生，我要集多種能力於一身：警察，調解主任，有時必須拿出黑社會老大一般的震懾力連哄帶嚇唬。實在沒有轍兒了，一一〇是我最後的求救電話。

鬧喪的事情經歷多了以後，我發現人在打架時，全身大爆發那個勁兒，真跟瘋子是一樣一樣的。這個時候，有的人好像是吃了太多菠菜的大力水手，不僅力大無窮而且無人可擋，關鍵是你不知道他下一步要做出甚麼誰也想不到的可怕的事情來。

每次在白事上遇到失去理智的「大力水手」，我都在心裡默默對自己說：「別慌！沉住氣！」重要的事情不止要說三遍，要不停地說。但也不一定管用。

在一場白事上，最讓人省心的就是剛剛死去的那個人，至少他安靜啊。相反活著的人太能鬧，太不讓人省心了。鬧喪最考驗一個大了在一瞬間的應變能力，反應慢一點是真不行。

行了，牢騷就發到這，咱們說事兒。

每天都死人，其實死的最多的還是老人。老人的白事一般都很熱鬧，來的人比較多，人多了以後情況就會比較複雜混亂。如果老人的子女也多，子女如果再是個甚麼領導或者是個成功人士，那麼白事上就會人來人往，有時比集市還熱鬧。

古話說得好，龍生九子，各有不同。一個人混得好不好，在紅白喜事上最能表現出來。當你攤上事了，攤上白事了，沒錢沒勢的人想裝成有錢有勢的人，你還真是裝不出來。因為沒有像魚群一樣一群一群的人來給你隨分子。

就說這家白事。去世的老人七十八歲，是個老奶奶，沒有甚麼大病，基本上就是老死的。就好像秋天的樹葉，到時候了。這個老太太有三個兒子兩個女兒，事後我才知道，除去小兒子是個賣豬肉的個體戶，剩下的四位都是一頂一的人物。大兒子是個局長；二兒子是一個集團的一把手；大女兒是某位大老闆的大老婆；二女兒更不得了，在哪兒工作都保密。

那次來的人太多了，屋子裡滿滿當當的，跟早晨的地鐵似的，認識的，不認識的，人和人之間都沒有了距離。更多的人需要在樓下臨時搭建的綠色帆布棚子裡站著，因為沒有這麼多的板凳。還有很多人站在棚子外面，搞得和集會一樣。不知道的還以為這是甚麼組織要準備集會去哪裡遊行示威。還好，我從前上學練就擠公交車的溜邊（避開——編者註）功夫，算是用上了。每次去他家，從門口到達靈堂都要擠三分鐘以上。不是我，大家都一樣，擠來擠去的。

我深刻地記得我開光的時候，無數雙眼睛注視著我。說不緊張那是說瞎話，我真怕自己說錯了做錯了，丟人現眼。本來幾乎天天說的幾句台詞，都怕出錯。還好，我爸在天之靈保佑我，讓我在工作時沒有出現任何問題。但是，事情就怕「但是」兩個字。問題還是出了，還是個大事。

老太太五個孩子，四個都是精英，只有小兒子不是，問題就出在他身上。他看到哥哥姐姐這邊來了這麼多的人，這麼多的人都隨禮，而且每份禮金都很大。人的自尊心是個殺手，這個「殺手」估計對小兒子下了狠手。

小兒子長得真是一表人才，嗯，

就跟西門慶差不多吧，臉白，沒有鬍子，好聽的說看著就風流，不好聽的說看著就是個色鬼。他不工作靠老婆養活，他老婆從背影看比武松還結實，大臉盤子，大眼珠子，大手大腳，說話聲音也大，喊她丈夫名字，多遠都好像在我耳朵邊喊一樣。看到他們兩個人，我就納悶，他們怎麼走到一起的呢？後來才知道，他們是鄰居也是髮小。

白事第二天晚上八點送路。下午六點鐘左右，來了大概有三十多個女的，不是一起來的，陸陸續續的，看起來彼此都不認識，但她們又都差不多，我說的差不多是指衣服氣質。她們都穿得特別少，不是透明的紗，就是小背心，短得不能再短的小裙子、小褲衩，指甲都很長還五顏六色的，每個人都吸煙。最後她們聚在一個人的身邊，那個人就是老太太最小的兒子。到了這個時候，不只我，所有的人才明白過來。

我聽見有人問他：「這都是你的朋友啊？」

他笑得和一朵桃花一樣：「這都是我的網友，知道我媽媽去世了，就都來了。」

她們都沒有走，等著晚上的送路。八點左右，我在外面遠遠地就看見小兒子的媳婦來了。我下意識地擔心，心想：「可別出甚麼事兒啊……」因為擔心，我一直暗暗地跟著他們。十分鐘以後，武松把西門慶叫到一個角落裡。

「你說！這是怎麼回事？這些不要臉的女人都是誰？」武松急了。

「嘛怎麼回事？這都是我的網友，都是朋友！來看看我媽媽，怎麼啦？你別著急，你看看大哥他們都來了這麼多人，都隨了那麼多的錢。你再看看咱倆，丟不丟人？！她們都是猴子派來的救兵，來幫咱倆的！給咱們送錢來的！」西門慶小聲安慰武松。

「猴子派來的救兵？我看是猴子派來的狐狸精！！」武松大喊一聲。

她嗓門本來就大，這一下子誰聽不見啊？呼啦那些女的就都過來了。這個說：「你說誰是狐狸精？」那個說：「對！我就是狐狸精，你看看你自己，你跟個豬八戒似的，看你就像一頭豬，難怪你是個賣豬肉的！」武松一聽，立刻就瘋了，衝過去就打，真跟打虎一樣。雖然她很厲害，但是對方人多，三十多個打一個，西門慶就只知道說：「別打了，別打了。」我和很多人費老大勁才把她們拉開。回頭一看，啊，武松的衣服都被撕爛了，那些長指甲可都不是白留的啊。

幾個人把武松拉進屋子裡，武松一進門，大家自覺地給她留出一條道路。再看武松，衣服都是爛的，頭髮披散著，一臉的血，可能是鼻子流血了，樣子實在是嚇人。突然間，她大喊一聲：「我也不活了！」用閃電的速度衝向老太太的棺材，一下子就把蓋子掀翻，又一下子把老太太抓起來，往旁邊一丟，旁邊可都圍滿了人，老太太頓時就落在了附近的人身上。這一丟立刻就亂了套了，有的人反應慢，一動不動的，有的人反應太快，哇哇地鬧著往後退，後面的人來不及躲，我看見有個女的，都已經跳到了後面男的懷裡，用手勾著人家的脖子，把全身貼上去，跟衣架一樣掛在男的身上。

武松把老太太丟出棺材，自己躺在棺材裡，一直喊著：「我不活了！我今天不活了！」

此時，再看我。我很鎮定地把老太太從地上抱起來，對棺材里的武松說：「你如果再不起來，我就把你婆婆放你身上！你就當褥子。如果你真想躺在棺材裡，我一會兒就給你拉一個過來。你看你，怎麼的？」

武松看了我一分鐘，從棺材裡爬出來，又衝出人群，不知道去哪裡了。一直到老太太的白事結束，我都沒有再看到她。

他媽媽沒有大哭大鬧，安靜地走到孩子面前，在棺材前跪下，狠狠地磕頭，把頭都磕破了。

有些人走得就是很突然。昨天還在一起的親人，今天開始就永遠也見不到了。他們走得一點徵兆也沒有，沒有留下一句話，老天爺也沒有給他們一個和親人告別的機會，哪怕是一個擁抱一個揮手。

都知道人是要死的。我看到很多癌症病人死後，他們的家屬傷心得不得了，哭天喊地。我都不敢和他們說：「至少你們還照顧過，還告別過，還留給你們很多的時間做思想準備，說白了，你們是知道這個人快要死的。那些突然就死了的人，突然到只有幾分鐘幾秒鐘，就與愛著他們的人從此兩個世界。在此之前和平常一樣，誰又能想到死就跟個賊一樣靜悄悄地來了。雖然都是死，病死算是好的了。」有些人和每天一樣走出了家門，就再也沒有回來過，再也沒有回家。

做大了看到了太多人的傷心，如果有人問我甚麼是失去親人的傷心，嗯，我想，那感覺應該是有隻手，狠狠地在心上掐了一把，一把又一把，根本停不下來地掐著。然後心怎麼都好不了了。

傷心面前人人平等。大了怎麼了？大了我也這樣被狠狠地掐過。

二〇一三年的夏天，天津就跟下了火一樣，熱得人們一個個都神神叨叨的。有好幾天溫度都在四十度以上。那幾天我特別忙，好像天上缺人手，每天都有好多人趕著上天報到。

有天晚上九點左右，我一個哥們給我打電話說，他姐姐家的孩子淹死了，他開車接我過去。我掛斷電話，心咯噔一下。那個孩子我認識，特別的機靈，我打心眼裡喜歡他，現在上小學二年級。我們都叫他小石頭，我總看到他胳膊上戴著白色的塑料三道槓。他特別喜歡游泳，有時我們很多朋友去游泳，我那哥們就會帶著他，他只要看到我，總喜歡問我問題，我記得有一個問題是：「死人都去甚麼地方了？」我很嚴肅地回答他：「去火葬場啦，去參加燒烤聚會。」他笑著露出兩個小虎牙，很大聲地說：「你騙人！他們都被燒了。我知道！我爸就被燒成骨灰了。你別騙人啦……」

我和哥們到了他姐姐家。剛進一樓就看到四樓樓道的燈亮著，我們上樓，防盜門開著，進到屋子裡，有幾個人站著，沒有一個人說話，靜靜地抹眼淚。那哥們的姐姐，就坐在地上，死死地抱著小石頭，把孩子的頭摟在懷裡，不哭也不說一句話。

當我也坐在地上，看著她的時候，她看到我，突然對我大叫：「你來幹甚麼？！你一個大了來我們家幹甚麼？你給我出去！我孩子沒有死！你來幹甚麼？！你走！！你給我走！你不要碰我，不要碰我孩子！！」

唉，這是我最怕遇到的情況，以前也遇到過，說實在的心裡挺不是滋味的。

我低著頭看著孩子都是泥的小手，平靜地說：「姐，你抱著小石頭，抱著吧……我在這兒陪著你，讓我坐著陪會兒你，坐一會兒我就走。」

我讓所有人都離開，我坐在地上，窗外的知了瘋了一般地叫。過了大概十分鐘，她開始小聲和懷裡的孩子說話：「石頭啊，對不起……媽媽不該打你，不該讓你去找鞋，不就是一雙涼鞋嗎？丟就丟了唄，媽媽不該……因為……我不知道，媽媽不知道，你會這樣地走啦，永遠離開我了。石頭啊，媽媽錯了，對不……起，石頭你能聽見媽媽說話嗎？石頭，你睜開眼看媽媽一眼，看我一眼……」她一邊說一邊哭，眼淚掉在孩子的身上。她看著孩子的臉，用抖著的手摸孩子的臉：「媽媽……還打了你，你恨我嗎？」突然她瘋狂地打自己的臉，我只是低著頭，讓她打自己。我覺得這樣能讓她好受一點。打完她才大聲地哭出來，我把她和孩子一起摟在懷裡，她把臉放在我的肩膀上，哭了很久，直到哭到沒有一點的力氣。

她的嗓子幾乎說不出話，我聽見她在我耳邊沙啞地說：「你把石頭抱走吧。」我接過孩子，把他抱到床上，孩子的身體已經全冷了，冰冷得好像一個雪孩子。我滿腦子全是小石頭和我在一起時候的樣子。因為我是大了，這是我的工作，我必須裝得和一個殺手一樣冷靜沒有感情。

我給孩子乾乾淨淨地洗了個澡，就像每次我們游泳完，我給他洗澡一樣，他再也不會怕癢癢而繞到我的身後，不讓我故意咯吱他，不會對著我露出兩個小虎牙大聲地笑。不會了。死讓任何人安靜。真該死。

給孩子找出他平時穿的衣服。藍色的長袖T恤胸前有幾隻小羊，他告訴過我它們叫喜羊羊。黑色的長褲。我又在他抽屜裡找到了三道槓，給他戴在了胳膊上。一雙他經常穿的灰色球鞋，穿上的時候，我發現鞋後跟已經破了。孩子指甲裡全是泥，我一個一個剪乾淨，這個可愛的孩子，我只能為他做這些了。

哥們告訴我，那天小石頭和同學去海河游泳，同學把他新買的涼鞋丟進了河裡。回家以後，石頭的媽媽很生氣地打了他，讓他去把鞋找回來，說：「不找回來，就別回來啦！」孩子去河裡找鞋，就淹死了，撈上來的時候，手裡還死死地抓著一隻涼鞋。

在後面兩天的白事上，小石頭的媽媽和丟了魂兒的木偶人一樣，整個人都是傻的，要靠兩個人架著才可以走，三天不吃不喝也不睡覺，和祥林嫂一樣不停地說：「媽媽怎麼還打了你！你恨我嗎……對不起，石頭，媽媽……對不起你。你恨我嗎？」

小石頭的追悼會最後告別的時候，他媽媽沒有大哭大鬧，安靜地走到孩子面前，在棺材前跪下，狠狠地磕頭，把頭都磕破了，血流了一臉，然後被幾個強壯的人架起來拖走了。

我是最後一個離開的，我對著小石頭說：「舅舅我要走了，今天你要留下來參加聚會啦，你不要害怕。小石頭，我知道你不會恨誰的，你還不知道甚麼是恨，天就黑了，好好睡吧……」

我把死者又重新穿戴整齊，他像一個穿花哨衣服要出遠門的人，被放回到屬於他的「保溫箱」中。

# 別鬧，我們正辦喪事呢

白事上不都是哭的，也有的白事可以讓人笑尿了的，但在那個場合，旁邊躺著個剛去世的人，不管發生甚麼事情都必須嚴肅。想笑？憋著。

我就有一回，太難憋了，沒憋住。也就那麼一回。

「林子大了嘛兒鳥都有」，這句

話一般是安慰人用的，翻譯過來就是：認倒霉吧，別和這種人一般見識。這種人是甚麼人呢？大多時候是指地痞無賴，反正就不是甚麼正經過日子的老百姓。

我倒是覺得他們都是奇人，奇人必有怪事。從我第一眼看到死者，我就從心底裡產生了嚴重的敬佩，那身上文的，不是像郭德綱相聲裡說的甚麼兩條帶魚，而是整個海洋。密密麻麻的一後背一前胸，當時我真後悔沒有帶上放大鏡，為了近距離看得清楚，幾乎是把眼睛都快貼在上面了，以至於旁邊一個人小聲問我：「你聞嘛了？都有味兒啦？」

我也小聲音回答他，好像怕躺著的那個哥們能聽見似的：「沒味兒，我看這文身是文的甚麼？怎麼看著這麼眼熟呢？」他眼神輕蔑，白了我一眼，深情地看著文身用很低沉的聲音說：「你是真識貨！這文的是《清明上河圖》！你看看，嘛叫藝術？這就叫藝術！燒了，可惜啦……」

「我的個媽呀！」這句我沒有說出來，是在心裡對自己說的。這是多大的工夫？多大的能耐？這讓我更加確定：高手在民間！

雖然已經是十月份，但是死者

的老婆還是夏天時最熱的穿戴打扮，露在外面的一條胳膊上也是密密麻麻的文身，文的甚麼我看不清，不像看死者文身那麼方便。我看她倒是一點也不傷心，反正我是沒看見她哭過。她比死去的丈夫要年輕得多，也就三十多歲。

「大哥是怎麼去世的？」我問她。

「喝酒喝死的！別提他，提起來都是氣。他活著的時候，我們為了喝酒沒少打架，我就說，早晚喝死算了。怎麼的！讓我說著了吧？喝死算拉倒！為了他喝酒我才和他離的婚。」她說的時候還咬牙切齒的。

這我才明白，為甚麼死去大哥供桌上的供品除了蘋果點心，還有啤酒紅酒白酒洋酒……

人不喝酒的時候，都好著呢，可一喝多，有的人就變成鬼變成酒鬼了。我以前問過一個專業幫人戒酒的大夫，他告訴我：「簡單說吧，平時我們的大腦裡有一個警察，這個警察管著你，這個該做那個不該做。可酒精太厲害了，他讓這個警察下班休息，大腦就成了沒人管的狀態。所以人喝醉以後，才會又哭又鬧，做出各種可笑的事情。」

到了中午吃飯的時間，我發現一屋子的人只剩下兩個，我問其中一個：「人呢？都去哪兒了？」那人回答我：「這都幾點啦？都去吃飯喝酒啦。」我琢磨著，不能啊，白事我辦得多了，哪有呼啦一下子都去吃飯的？基本都是把飯菜或者盒飯買回來，大家簡單地吃一口就可以了。幾乎所有人都去吃飯的確少見。

到了下午三點多，吃飯的人才陸陸續續回來，可全喝醉了。我站在棺材旁邊，就差把身子趴在棺材上護著，手心直冒汗，心跳加快，老話怎麼說的，怕嘛來嘛。

一個喝醉的人晃晃悠悠地就過來了，拍著棺材說：「我說！我們喝酒就差你，你也不來！原來你在這兒躺著呢？這是誰把你關起來的？又要你戒酒是不是？我就知道！誰關的？給我放出來！你別著急，我來救你……這是甚麼玩意，怎麼還給你關保溫箱裡？不是剛生下來的小孩兒才關這裡面嗎？你怎麼也關裡頭了？怕感染啊？放心，我們都沒兒病。」說著這就要把水晶棺材打開。我一步衝過去，拉著他的手，不讓他動棺材。他一看我拉他，立著眼珠子問我：「你哪兒冒出來的？四兒，癩子，把這個東西給我弄走！」馬上就過來兩個特別壯的男的，一邊一個死死抓著我的胳膊，拖起我就往大門外走。

再亂我不能亂啊，使出了吃奶的勁兒反抗。我看見剛才那個人已經把棺材打開了，一屋子的酒鬼都喊好。我衝著人群喊：「來人啊！有沒有清醒的？管管啊！」我看見剛才沒去喝酒的那兩個人對著我直搖頭，我明白那意思是，我們可不敢管。

還有一個醉得更厲害的也搖搖晃晃走過去對著死者說：「別裝啦！我們哥幾個可都來看你，你看你多大面子，快起來！罰酒三杯……蒙著臉幹嘛？還不好意思見我們？你蒙著臉我也認得你！」他把蒙臉布掀開了，一看死者穿著壽衣，他磕磕巴巴地說：「嚯！你這是要出遠門啊？穿得夠花哨的！去香港啊？」我聽了以後，也管不了那麼多，「哈哈哈哈哈……」大笑起來。旁邊兩個抓著我胳膊的人，抓得更使勁了。左面的那個人對我說：「你小子喝多了，笑嘛呢？」右邊的那個對我說：「說你了！別笑了！有嘛可笑的，你別自己一個人樂，你也和我說說。」

在白事上我能笑成這樣，還真是第一次。好漢不吃眼前虧，我笑著說：「你們倆鬆開我，我給你們說說。」右邊的鬆開了，左邊的還死死地抓著。我用右手掏出手機，直接打了一一〇。十分鐘以後來了兩個民警。就在這十分鐘裡，幾個喝醉的人已經把死者拉出了棺材，架著往外走，我一個人攔著他們。你就想像吧，那場面太熱鬧，和植物大戰僵屍差不多……

我一看怎麼才來兩個警察？警察也發現人來少了。我聽見一個警察馬上打電話說：「看看所裡還有甚麼人，留兩個，都給我過來！快點！」他們可不怕警察，那個鬧得最兇的，先是紅了臉然後又紅了眼，對著警察大罵，罵得難聽極了，上去就要打警察，被民警幾下子按在地上。正亂著，一個喝得半醉不醉的人走向另一個警察，對著他的臉噴了一臉酒沫星子，邊噴邊說：

「噓……別鬧，我們這正辦喪事呢……」警察一邊擦臉一邊也把他給按住了。

後來就像電影演的那樣，是一個完美的結局。喝醉的人都被警察帶走了，我把死者又重新穿戴整齊，他像一個穿花哨衣服要出遠門的人，被放回到屬於他的「保溫箱」中。

原來這個世界真有不能同年同月同日生但願同年同月同日死的愛情。

都說，

誰離開誰都能活，

但這個世界真有誰離開誰就活不了的！

這回我們說一個愛情故事。

每次要說這樣的事兒，我總要從丹田猛提一口氣，然後再深深歎出去，要不沒法兒講，太費神也太傷身還特別費煙。

其實故事，從別人嘴裡講出來是故事，但如果發生在自己身上就是事實。在白事上我最怕遇到這樣讓人呼吸困難的事兒，因為它真實，真實得讓人心疼得好像犯了心臟病一樣。

如果讓我把人分成兩種，不是分成活人和死人，而是分成怕死的人和特別不怕死的人。怕死很正常，我們中的大多數都怕死。特別不怕死的人，雖然很少，但他們是真可怕真嚇人，好像是隱藏在大米裡的白色小石子兒，無法分辨和察覺，在我們沒有一點心理準備的情況下，突然就會硌著我們。

這可不是我沒事瞎說，我們身邊就有這樣的人。

有一個老太太和家人說著話兒的時候，在被子下面用水果刀割脈自殺了。自殺的我見得多了，可在家人面前自殺的，我還是第一次見。這是請我去的那家人在路上告訴我的。說實在的，吃驚大於好奇。我吃驚這樣的自殺太特別，竟然在所有人的眼皮底下。我好奇她最後和家人都說了些甚麼？請我去的那人說：「也沒有說甚麼特別的，就是和平時一樣說話，都是家常話，該說的時候說，該笑的時候笑，一點也看不出來……然後就說睏了睡一會兒，等發現已經來不及了……」這「沒有甚麼特別」才更讓我覺得這事兒太特別。

到了老太太家，我一看心眼兒就明白了。老人實在是活夠了，在床上癱瘓了十九年，一切都需要家人照顧。這可不是十九天，十九個月，而是十九年……比坐十九年監獄還痛苦。我立刻理解了老人為甚麼會選擇自殺。

我去的時候老太太剛去世不久，哭得最厲害的不是她的兒子，而是她的老伴兒，一位七十多歲的老大爺。他一手拿著一把滿是血的水果刀，一手拿著一個塑料的白色鬧鐘，鬧鐘上也都是血，他的眼淚都掛在臉上。我在那一天才突然之間明白了「老淚縱橫」是怎麼回事。

老人一臉的皺紋讓眼淚都含在了皺紋裡，滿臉的淚水，沒有幾滴落下來的。他嘴裡說著話，不清楚，我只聽出：「你啊……你不是說沒有和我過夠嗎？說下輩子還在一塊兒過，你說這些話有嘛用？有嘛用呢？你就狠心地丟下我？你啊……我也……沒有和你過夠……」他低頭看看鬧鐘：「我也用不著每天看著錶提醒你吃藥了……我以後每天干嘛呢?」他嘴裡流出的口水比眼淚還多，口水一直垂到腿上，和眼淚一樣鼻涕耷拉老長，他也不擦，一頭的白頭髮，很瘦很窄的肩膀一抽一抽地哭，像一個受了天大委屈的孩子，孤零零坐在一把椅子上和自己自言自語。哎呀，那個場面看了，讓人心裡太那個了。

當他知道我是大了以後，站起來，哭著握著我的手說:「大了師傅，你可來了!我跟你說，孩子他媽，昨天剛洗的澡……不髒，頭也是昨天新洗的。還有，你給擦的時候，不要太使勁，她疼……她疼也忍著不說。你輕著點，輕著點，你知道了嗎?」

我點頭說:「大爺，我記住了，我知道了，輕輕的，我會特別輕的。」

他還不放心，拿手在我手背上輕輕地摸著:「就這麼輕，知道嗎?我們老家有規矩，不讓家裡人給穿衣服，要不我不用你。就這麼輕，記住啦?」

「我記住了……是這樣輕嗎?」

我用手在他手背上試著力度：

「您看是這樣嗎？這樣行嗎？」

他對我點了點頭，哭著說：「大了師傅，我不是不放心你，我跟孩子他媽待久了，她這些年都是我照顧，交給誰我都不放心。不放心啊……對不住啦……」

都說大夫這個職業不好幹，每天對著的都是愁眉苦臉的病人，那大夫怎麼的也比我這個大了好吧？我整天對著死去的人我都覺得沒甚麼，可對著死去的人的家屬，看見他們難過的那個勁兒，真是不好受。

我一看這老太太一點不像在床上癱了十九年的人，頭髮雖然都白了，但保養得很好，最難得的是身上沒有褥瘡，兩條腿萎縮得也不太嚴重，一看就知道是有人經常給按摩，照顧得真好！十九年，不容易……

穿好壽衣，大爺被兒子攙扶著走過來，哆哆嗦嗦地拿起老太太割腕的那隻手，看了又看，鼻涕眼淚又流下來，兒子過來幫著他擦，他推開兒子的手說：「你媽連中午飯也沒吃，就走了，餓著肚子走的……」然後他用手輕輕摸了摸老太太的頭髮，順著頭髮又摸了摸臉，對著老太太哭著說：「走吧……不受罪了吧？走吧，你終於可以走啦……不用輪椅了，高興了吧？」

一屋子的人都偷偷地抹眼淚。

下午，大家都勸大爺好好睡一會兒。大爺可能也是累了，在另一間屋子裡睡覺。

我問大爺的兒子：「怎麼老太太手裡會有一把水果刀呢？誰給她的？」

兒子長長地歎了口氣說：「是我爸，他年紀大了，昨天給我媽削蘋果以後，就忘在床上，誰也沒有想到……我媽就偷偷地藏起來，等到今天是星期六，知道我們都會來，和我們一邊說著話一邊就……」說著他就哭起來。誰家父母走了孩子不傷心？唉，我也是兒子，我能理解，我拍了拍他的肩，也不知道說甚麼好了。

到了晚上八點多鐘，我以為我這一天的工作就要結束了，沒想到又出事了，大爺也割腕跟著老伴去了。聽到這個消息，我的心也好像被刀割了一下，原來這個世界真有不能同年同月同日生但願同年同月同日死的愛情。都説，誰離開誰都能活，但這個世界真有誰離開誰就活不了的！

我想著老爺爺中午還摸著我的手，告訴我要輕輕的……想到他一臉的眼淚，想到我第一眼看到他，他坐在椅子上孤零零地哭。我怎麼就沒有想到？沒有想到他根本離不開他的老伴兒呢？

我在廚房的一個角落裡找到了他們的兒子，他坐在地上抱著頭哭，一天之內他就成了沒有父母的人，這打擊實在夠大的，換誰也受不了。

老爺爺走得特別安祥，很平靜的面容，手裡握著的還是那把水果刀，枕頭邊上放著塑料的白色鬧鐘。鬧鐘上的血已經乾了，紅得有點發黑。

我想怎麼也要把兩位老人放在一起。我讓人把兩位老人平時睡覺的雙人床的床頭拆了，讓他們手拉著手，躺在一起，把鬧鐘放在他們拉著的手上，給他們蓋上雪白的單子。我想像著，他們平時睡覺也是這樣的吧……

我對他們的兒子說：「你也別哭了，去放大一張你爸媽的合影，他們要在一起，不打算分開，就讓他們安心地一起走。」

合影放得特別大，比結婚照片還大，鑲在黑色相框裡。我看著兩位老人的黑白照片，花白的頭髮，像花一樣的白。老爺爺坐在老奶奶旁邊，正給老奶奶梳頭，兩個人笑得那麼自然那麼溫馨。我把照片掛在床頭牆的上面，是掛結婚照的地方。

我又看了看他們，看到他們手拉著手躺在一起。我覺得我也開始相信愛情了。

當我跑過去，把他提起來，一看蓋著死者的壽單上濕了一大片，再看他，褲襠也濕一片，敢情尿是一點沒糟蹋，都尿死者身上了。

# 參加白事的基本素質

我們都參加過白事，參加白事和參加聚會結婚過生日不一樣，有一些要注意的事項。比如你不能穿得太鮮豔，不能放聲大笑甚至是不能大聲説話。至少你要有個眉眼高低，這兒可是剛有人去世，你要對死者和死者的家屬有一個最起碼的尊重，這尊重怎麼表示呢?很簡單，就是你老實嚴肅安靜地待著。這是參加白事最基本的素質了。

可有的人就是做不到。他們也不是誠心跟你搗亂，但他們就是真心地給你添亂。白事上我遇到過這樣的人，老遠我就能聞出他們的味兒來。有句話送給他們是再適合不過了：天上掉下三把刀，叨逼叨，叨逼叨。（指喋喋不休——編者註）

說起這樣的人，我這個恨啊，牙都能咬碎好幾口，因為有一次我倒霉就倒霉在這樣的人手裡。

有一家白事，就來了這麼一位。他就是傳說中的二百五，甚至是這種型號的升級版二百五。那家人都叫他小爺兒，二十出頭。中等個兒特別瘦，尖嘴，說猴腮是侮辱猴。穿在身上的衣服要比他人大太多，這麼說吧，如果有大風颳過，他和穿著一面旗也差不多。據他說，這面口袋的穿法兒叫時尚，巴黎模特都這樣穿。他走起路來兩個肩膀左右搖晃同時上下搖擺。一口地道的天津話兒，標準的公鴨嗓子，一開口好像和誰都認識了八輩子似的，認識不認識的都那樣，顯得格外的親，親得都有點膩。

「你就是大了？問你點事兒行嘛兒？這死人死完了過幾天，都變成嘛兒樣了？嘛兒色兒的啦？是綠了嗎？也長綠毛嗎？對了，你看見過鬼嗎？喂！我和你說話呢？大了！你倒是說話啊！」我正忙得四爪朝天，他站我邊上，瞪著兩個眼珠子問我。要不是我忙著，真想給他一腳。

我問那家人的女兒：「這個人是你們家親戚嗎？」那女兒歎口氣回答我說：「他是我們家的親戚，是我老舅家的兒子。一直就這樣，家裡寵的，沒法子，你習慣就好了。」

有時事情就是這樣出奇的不順，不怕沒好事就怕沒好人。也不知道怎麼的，我正和那家女兒商量出殯的事兒，說火化車來的時候要找八個人，四個人抬死者，四個人拿白布遮擋。如果沒有，我可以安排。就這麼寸勁兒（指巧合——編者註），正好讓小爺兒聽見了，這可就了不得啦，那是撒潑打滾地要抬。他要抬的理由那是相當的豐富：

一、死的人是我姑，從小就疼我，她死了，我太難過啦。

二、自己家的人不用，還花錢找

別人不如把錢給我。

三、你們別都瞧不起我，給我個機會行嗎？

四、你們不讓我抬，我找我爸去，讓他找你們。

五、沒有你們這樣的！我要為家做點好事，還不讓？

我的個天啊……我腦袋都大了。

那家的女兒也快瘋了，一個勁地求我：「師傅，您就讓他抬吧？」我想半天，抬，他是不可能，讓他拿白布興許行吧？

「我説，你過來，我問你，你幹過這樣的事兒嗎？」我耐著性子問他。

「甚麼幹過沒幹過，誰天生就會幹這個！不都是學嗎？我學！你教我不就完了嘛兒！」小爺兒搖著腦袋説。

我靠，不會吧！這還用學？我還要教給他，就兩個手指拿著個白布的一個角兒，我還要教？

我瞪著他那兩條八字眉説：「你去找條毛巾，抹布也行。別問，讓你去你就去，我教給你。找去啊！」他跟得了聖旨一樣，轉身就跑，高興得跟中了彩票似的。

不會兒工夫，他蹦跳著回來，手裡拿著一張燒紙，喘著氣兒問我：「大了，你看這個行嗎？」

我一看都氣笑了。

我笑著說：「你過來，你把手伸直了，比方說，這隻手呢，就是明天你要遮擋的人。你平時吃飯用哪隻手？」他想了想把右手舉起來：「好，那你就用右手，你在這個位置，你用右手拿著這張紙，到明天就是一塊白布，你拿著。對！拿好了！但你必須保證，保證人從抬起來到進入火化車，這一路上，你不能鬆手，保證用那塊白布擋住光，不要讓陽光照到死人的身上。就這麼簡單，記住了嗎？」我看他眨巴眨巴眼，點頭跟搗蒜似的。

第二天天不錯，火化車早早就來了。外面一放鞭炮，哭聲鞭炮聲亂成一片，我對著抬死者的四個小伙子說了一聲：「一，二，走……」四個人抬起來就往門外走。這個時候，小爺兒衝著我大聲喊：「白布在哪兒呢？」鞭炮聲音太大，我對著他大喊：「你跟著走，到了樓道口，就有人給你！」

樓道口有人遞給他白布的一個角兒，他拿著。火化車停放得不遠，也就三十幾步的距離，但是他還是給我惹出個大麻煩。

他把白單子往自己這邊拉得太多，本來白布就不是很大，他不管不顧地讓死者一半身子都露在陽光下面，另一邊的那個人不幹啦，人家就喊：「停！停！往我這邊來點！喂！說你啦……」人家越喊他，他是越往自己那邊拉單子。另一邊也是個小伙子，火氣力氣都大，突然一用力往自己這邊猛地拽了一下。小爺兒沒想到對方來了這麼一下子，他一個沒站穩，整個人倒栽蔥，全扣在死者身上了。

抬死者的人突然感覺多了一個人的重量，沒甚麼準備，「啪」的一聲，連死者和他兩個人一起摔在了地上。此時正跪在地上大哭的家屬，沒有一個人哭的了，都跪得倍直一動不動地傻看著。

按說，摔倒了趕緊爬起來，大家立刻再抬起來也就沒事兒了。但是摔倒的人，不是一般人啊，他不僅不爬起來，還喊上了：「大了！大了！快救救我……我動不了勁兒了！」我就算經驗豐富，也傻眼。當我跑過去，把他提起來，一看蓋著死者的壽單上濕了一大片，再看他，褲襠也濕一片，敢情尿是一點沒糟蹋，都尿死者身上了。頓時我就蒙圈啦，腦子裡兩個念頭掐起來，一個念頭說：「趕緊趁沒有人知道，快把死者放進火化車」。另一個念頭說：「快抬回去換衣服，你不能讓人家就這樣離開這個世界吧？」

直接放進去是又簡單又省事，但估計我的良心要很長時間和我過不去，抬回去重新換衣服，雖然很麻煩但我至少晚上閉上眼就睡得著。此時旁邊四個小伙子八個小眼神兒，眼巴巴地看著我，每個人的眼神都跟能說話似的：「大了，我們聽你的！你說怎麼辦吧？」

「抬回去！」我堅定地說：「來，大伙兒受累，我們抬回去，我要重新換衣服，這身衣服全是尿，我不能讓老人就這樣走！」小伙子們特給力，一個有怨言的都沒有，抬起來就往回走。跪在旁邊的親屬和圍觀的群眾，都用驚奇的眼神看著我們，估計都想：「這怎麼還有往回抬的？」當時我也顧不了那麼多了。

我跑過去和火化車的司機解釋了一下，回到屋子裡，對死者的女兒和家屬說明情況，大家一起動手，很快就給死者換上了一身乾淨的衣服。第二次，我親自把老人送上了火化車。坐上車我才發現，我全身都是汗，衣服都濕透了。

遺體告別以後，我沒有想到，死者的女兒突然給我跪下，哭著對我說：「大了師傅，我替我媽媽謝謝您了……」

我把她扶起來，正不知道說甚麼好，看見小爺兒也搖搖晃晃地朝我走過來。好麼，老大的尿臊味，沒等他走近，我趕緊轉身就跑，跟你們說實話，狗追我，我都沒跑過那麼快。

你說，

我還能把孩子找回來嗎？

## 如果可以飛檐走壁找到你

總有人說我們大了是賺死人的錢，賺的昧心錢。如果有人當我的面兒敢這樣說，我想以我這暴脾氣，我都懶得理他。哪個行業都不容易，都有不為人知的辛苦。大了這個職業可能是每天都和死打交道，才對活有了更深的體會。

如果有好奇的一定要問：「你們

大了有甚麼更深的體會？」

我想我的回答是：「我們可能更知道怎麼過好每一天，對不好的，還真不往心裡去。我們心裡不裝這個！」

其實有時候我們大了做得特別好，也很少得到人們的表揚。我也沒見誰給我們送個錦旗啥的，估計是不知道往錦旗上寫甚麼，總不能寫——救死扶死好大了？我們大了也懂的，每次辦完白事，我們不能說：「有機會再見。」說這樣的話，很明顯是找打。

曾經我有個朋友給我打電話說：「你能不能給我個面子，免費做一次大了？那家人在經濟上實在有困難。你幫哥們個忙，回頭我請你吃飯。」

我說：「行啊！沒問題。你把地址告訴我，我這就過去。」

我拿著手機發過來的地址這通兒找啊，最後總算是找到了。原來那家人住的是一戶人家的小院兒，小院兒裡用藍色鐵皮搭的一個小房子。你說這能好找嗎？

我一進門，看到那家一共四口

人。一個女人用白眼珠子瞪著我；一個男人看都不看我；還有一位老奶奶，拉著我的手就要給我唱歌；最後一個人躺在用磚頭碼的估計算是炕的東西上面，頭用一件衣服蓋著。可能我去的不是時候，兩口子正在吵架。屋子裡特別黑也不開燈。瞪著我的女人大約三十多歲，她正吵到高潮，看著我惡狠狠地說：「我告訴你！你如果是要錢來的，白來一趟。看見了嗎？」她用手一指磚頭炕：「剛死一個！我們家剛死一個人！你聽清楚，死人啦！要錢沒有，死人倒是有一個！」

我心想，這是甚麼情況？我覺得我特別有必要做一個自我介紹，壓低聲音很有耐心地對他們說：「我知道你們家死人了，要不我還不來了呢……我是大了，就是專門處理你說的那個死人的。」

屋子裡的男人終於看了我一眼，吃驚地問：「誰讓你來的？你怎麼知道的？你走吧，我們沒有錢請大了。」

「我不要錢！有一個朋友，他是你的朋友正好也是我的朋友，正好我是大了正好你們家有人去世，我答應了朋友，免費給你家做白事。不要錢！」我一著急都說成繞口令了。

家裡有人剛剛去世，不傷心難過也就罷了，還有心情吵架？我也真是服了。

那個男人說：「我爸也不用換甚麼衣服，就這樣吧。活人都顧不過來，哪裡還有心思顧死人？我們老家有墳地，我現在要出去借點錢，找輛車把我爸拉老家埋了。你的好意我們心領，你趕緊回去吧。」

我也有點急了：「你有事情，你忙你的！我猜你爸這輩子也不容易，你同意他這樣離開這個世界，我還不同意呢，你給我找件他的舊衣服，乾淨的就行，其他的也不用你管。我知道你有你的困難，但是我已經來了，就不能讓老人這樣走！我就不能這樣回去！」

他一聽我這樣說，眼淚「唰」一下子掉了下來。但是他老婆還是不依不饒地說：「他以為他死了就完了！死了我也不原諒他！死也不原諒！他倒是閉上眼走了！他也閉得上眼！」說著她大哭起來，一邊哭一邊大叫：「他還我孩子！他一死就完了？我可憐的孩子怎麼辦……」說著她就一下子坐在地上，「嗷嗷」地哭起來。

看得出來她是真的特別傷心，但不是哭剛剛去世的這個人，而是另外一個人。我是越聽越迷糊。在她哭的時候，旁邊的老婆婆卻抱著個枕頭，用手輕輕拍著枕頭，邊拍邊小聲地唱：「小兔子乖乖，把門開開，誰回來了？我們軍軍回來啦……」

我看著身邊的這個男人，他低著頭也不說話。屋子裡確實太亂，我把他拉到外面，遞給他一支煙。他的手抖得很厲害，吸了幾口，平靜了老半天，才對我說：「我們家從前挺好的，我給人家做裝修掙了點錢買了一套不大的房子，把孩子老婆我爸媽都接過來一起住，想著以後讓孩子能在天津上學。有一天下午，我爸帶著孩子去小區花園玩，他上了趟廁所，回來的時候，我兒子軍軍就丟了，怎麼找也找不到了。孩子丟的那年五歲，現在已經找了六年。我媽也瘋了，房子也賣了，沒有錢就四處借錢。

我爸有病，我們都知道可能是癌症，但是他就是不去醫院，其實我們也沒有錢去醫院。我爸說，他活著就是等著孩子有一天能找回來，要不他死都閉不上眼睛……」

他狠狠地吸了幾口煙，滿臉是淚，抬頭看著天說：「軍軍是秋天丟的，每到秋天冬天，我就想……我就想，孩子也沒有穿那麼多衣服，會不會冷？六年了，孩子長高了沒有？有沒有生病？現在和誰生活在一起？身邊的人對他好不好？那孩子可淘兒了，會不會有人打他？如果有一天，我真的能把孩子找回來，他還認識我嗎？還能和我那麼親嗎？他還能記得，他最喜歡騎在我脖子上，讓我舉著他轉圈嗎？六年了，我只要一想孩子，我就能聽見我們一起轉圈，他在我耳邊大聲地叫……」

突然他哭出聲來，哭著問我：「你說，我能把孩子找回來嗎？有一次，我在一條馬路上貼找孩子的傳單，路邊放著一首歌，突然之間我聽到歌裡面有一句話，那句話好像就是對我說的，當時我就不行了，拿著傳單蹲在地上哭。孩子沒了以後，我還沒有那樣哭過……很多路人都勸我，有人往我手裡塞錢，還有很多人都陪著我哭……歌裡的那句話兒，我一輩子也忘不了——如果可以飛檐走壁找到你。到現在我也不知道這歌的名字，但這句話我知道，是老天爺特意對我說的，要我繼續找下去，不要放棄，就一定可以找到孩子。」說到最後他哭得反而不那麼厲害，平靜了很多。

我在心裡罵：「該死的人販子，你們怎麼不替好人死了呢？你抱走人家的孩子，你讓這一家人怎麼活？」

他說完了，我心裡像堵了塊石頭，喘不上氣兒來。回到漆黑的屋子裡，把蓋在老人頭上的衣服拿下來，看到老人的臉上還有淚，人已經瘦得只剩下一把骨頭。唉……不知道他活著的時候，每天會是怎樣的自責呢？六年的時間，每天每夜，很難想像。

換好壽衣，回到車裡，我在網上查了「如果可以飛檐走壁找到你」，原來歌的名字叫《如果雲知道》。循環播放以後，我覺得這首歌根本不是甚麼情歌，這歌詞明明就是丟失孩子的父母寫給自己孩子的一封信：

真的有點累了 沒甚麼力氣
有太多太多回憶哽住呼吸
愛你的心 我無處投遞
如果可以飛檐走壁找到你
愛的委屈不必澄清
只要你將我抱緊
如果雲知道
想你的夜慢慢熬
每個思念過一秒 每次呼喊過一秒
只覺得生命不停燃燒
每當心痛過一秒 每回哭醒過一秒
只剩下心在乞討 你不會知道

聽著這歌，我去了銀行，取了錢。把錢放到那個男人的手裡：「這錢你拿著，不用你還，回去給老人好好安葬。還有一定不要放棄，一定要把孩子找回來！」

他緊緊抱著我，始終低著頭，但我看到他大滴大滴的眼淚落在嶄新的錢上，嘴哆嗦著一句「謝謝」也說不出來。

自從這件事以後，我不能聽這首歌了。聽了就想起那家人，想起那個剛剛死去的老人臉上的眼淚，想起那個可憐的男人問我：「你說，我還能把孩子找回來嗎？」

我從前以為的
那些所有重要的，
其實一點都不重要。

# 活著，
# 健康地活著

才是最重要的。

# 泰森的葬禮

我和泰森是從小一起長大的好朋友，後來他上了大學開了公司結婚生了一個可愛的孩子。明擺著他是個成功人士，但就在他幾乎甚麼都有的時候，命沒了。三十五歲。肺癌。

泰森是我給他起的外號，因為他「太神」，我就叫他泰森。現在想，給他起這麼個外號，是我嫉妒他，因為他實在太聰明了。在泰森去世前的一個多月，他給我打電話，讓我去腫瘤醫院看他，我就知道，情況不好。

說真心話，我不怕去太平間火葬場，但我怕去病房，最怕去腫瘤醫院的病房。就像有人說的：「我不怕死，我怕老，我怕生病。」我知道泰森讓我去就是和我商量他的後事。白事我在行，但商量白事這樣的事兒，我真是外行。我不會安慰人，死人省事不用我安慰，但是病人，又是癌症晚期病人，怎麼安慰？我覺得說甚麼都是多餘。

醫院裡的人真多，比過年過節商場裡的人還多。我看到泰森的時候，嚇了一跳，人已經瘦得不行，顯得眼睛特別的大。光頭，特別的光亮。陪著他的是他的老父親，老人看見我，可能是想到了自己的兒子，眼圈有點紅了，說讓我們聊，他出去買點東西。

「你這腦袋夠亮的，這晚上，給你點月光，你就燦爛了。」我想打破這該死的尷尬氣氛。

他拍了拍他的病床，讓我坐在他身邊。本來這個動作很平常，但不知道為甚麼，我感覺心裡特別難過。

「你過來，坐這兒，我有話和你說。」他連聲音都變了，變得特別陌生，好像是從很遠的地方傳過來似的。我走過去，握住他的手，他的手特別暖和，我心裡想著，如果有一天泰森真不在了，我握著他冰冷的手會是怎樣的感覺呢？我一這樣想，心就好像不知道被誰從後面用拳頭捶了一下，特別的疼。

「你別瞎想，好好養著，你家孩子大人一大家子人，還等著你照顧呢……」說完我就嚴重地鄙視自己，說的全是廢話。

他看著我說：「兄弟，我快不行了。我自己知道。說真的，我的後事，就交給你啦，到時候你別給我辦砸了……」

「你別嚇唬我，還輪不上你……」說到這兒，我自己都說不下去了。我低著頭，眼淚就在眼眶裡轉，我真怕它不爭氣掉下來。

「幹嘛兒？虧你還是大了？天天給人家辦白事！」我感覺他的手使勁地握了我一下，他還安慰我，好像要去世的那個人是我。「我跟你說，生命的好壞不是看時間的長短而是質量，我活的質量挺好的，我挺知足的……現在，我晚上一宿一宿睡不著，我就想從前的事兒。我覺得，人這一輩子，太不容易啦，活著就是和自己不斷妥協的一個過程。你看，在我還沒有完全妥協前，就被安排新的任務了……這樣想，我覺得死也不是件壞事……」說到這裡，他也說不下去了。

我接到泰森去世的電話是有天下午，天正下著大雪，感覺好久都沒有下過那麼大的雪了。我來到泰森家，看到他媽媽和愛人都在小聲地哭。他爸爸看到我，好像小孩子看到了親人，哭著說：「大慶讓我告訴你……簡單辦，不留骨灰……他讓揚在海裡。」

我看到泰森的時候，人還是溫的，手也是溫的，和我在醫院裡握著的手沒有甚麼差別。除去沒有呼吸，他就像睡著了一樣。我去和他父母妻子商量後事，回來時，看到泰森三歲多的女兒站在床邊，對著泰森說：「爸爸，你從醫院回家了？我可想你了，你想我嗎？想我你就親親我吧？」

她把小臉揚起來，等了一會兒繼續說：「好吧，那我想你，我親親你吧……」孩子輕輕親了親他的臉。

孩子的媽媽也看見了，哭著把孩子一把抱住，對孩子說：「妞妞，你給爸爸磕個頭吧……爸爸最捨不得的人就是你了……」

孩子看見媽媽哭也跟著哭起來，哭著問：「磕頭是甚麼啊？為甚麼要磕頭啊？妞妞錯了嗎？親爸爸錯了嗎？」

我實在看不下去：「別為難孩子了。」泰森的父母老兩口一直站在床邊，不捨得離開，唉，白髮人送黑髮人。尤其是他媽媽，用手捂著嘴，發出「嗚嗚」的哭聲，這比大聲哭出來還讓人難過。我不忍心讓他們離開，說：「您們再多陪大慶一會兒吧……」他愛人抱著孩子跪在床頭地上，他媽媽坐在床邊，他爸爸傻傻地站在泰森身旁不出聲地流淚。這可能是他們一家人最後一次聚在一起了。我看著窗外，大片大片的雪花飄下來。不知道怎麼的，我突然想到小時候下大雪，我們一起打雪仗堆雪人的情景。

泰森的葬禮來了很多人，大家都覺得他走得太快了，他還那麼年輕，都替他惋惜。在追悼會上，他的妻子對所有來賓念了一封信。信是泰森生前寫好的，他妻子哭著讀：

「所有來參加我葬禮的朋友們，你們好！感謝你們能來送我最後一程，在生前我有做得對與不對的地方，還請你們原諒。就讓所有不好的隨著我的離開，都忘了吧，只記得我的好。

「我走了，你們還在，我從前也參加過葬禮，也和你們現在一樣，站在這裡，感覺好像死這件事情跟我一點關係也沒有，參加追悼會就和開會一樣。但是今天，我再也不能站在你們中間，我成了這場葬禮的主角，只能安靜地躺在這裡了。

「一會兒你們就會和我從前一樣地回去，回到你們的家中。但我懇請你們，不要犯我從前的錯誤。從現在起，要知道，有生命多好，可以陪在家人身邊，和他們一起吃一起看一起笑……所以，你們不要和我一樣，到該死的時候才知道這個道理，那樣就已經太晚了。

「我從前以為的那些所有重要的，其實一點都不重要。活著，健康地活著才是最重要的。

「最後，我要說：爸爸媽媽，感謝你們的養育之恩，我走得太早，讓你們傷心了，對不起。妞妞，我的小公主，以後我就只能讓媽媽替我親親你了。你要乖，聽媽媽的話。還有我的愛人，我把這個家就交給你了，辛苦啦。我愛你們，我捨不得你們……」

信讀完以後，大廳裡很長時間特別安靜，很多人都靜靜地擦眼淚。

我在心裡對他說：「我們也捨不得你……」

她哆嗦著掏了半天口袋，甚麼也沒有掏出來，哭著說：「我把助聽器忘家裡了。」

那天我和幾個哥們在路攤上吃燒烤，我把兩串羊肉串塞進嘴裡，一抬頭就看到隔壁桌一對搞對象的，那個男的特別會來事兒，溫柔地對女友說：「等咱們結婚以後，我甚麼都不讓你做，就養著你，把你當公主養著。來寶貝，張嘴……」他把一個剝好的蝦放進她的嘴裡。場面太甜，我怕看的人得糖尿病。

但他的話突然讓我想起了以前我辦的一個白事。

去世的是一個老大爺，早晨出去遛彎被汽車撞了，等救護車送到醫院，人早已經沒有呼吸。我在太平間看到的大爺，只能用兩個字形容：「太慘」。慘就慘在他的頭上，眼睛以上的半個腦袋都不見了。把我喊去的是大爺的女兒，不敢進太平間，只在外面等著。看見我走出來，衝過來死死抓住我的胳膊，哭著對我說：「師傅，您看怎麼辦啊？我媽媽還不知道，您看怎麼辦啊？」

我說：「你先別慌，聽我說，你現在回家去先不要告訴你媽，給我點時間，讓我把人整理一下，等整理好了以後，我去你家，擺個靈堂。你也先不要通知其他的親屬。」

其實處理這種情況，已經不只是為了死者，大多是為了死者的家屬。你想想，剛剛還是他們最親的那個人，短短幾分鐘的時間，最親的人就變成了只剩下半個腦袋的死人。這是多大的刺激？誰能受得了這個？

等我把大爺整理好，天已經快

黑了。我來到大爺家，看到晚飯擺在桌子上，都用碗扣著，桌子上擺好了三雙碗筷。大娘站在陽台的窗戶前，一直看著窗外。大爺的女兒眼睛紅紅的，把我帶到大娘跟前，我明白那意思是讓我說。

還沒有等我說話，大娘伸出手指著窗外的一條小路說：「進這個樓就這一條路，誰來了，我都能看見。」

「大娘，大爺他……」我真不知道往下怎麼說了。

大娘突然轉向我，看著我的眼睛異常平靜地對我說：「你跟我說實話！老李是不是死了？他是怎麼死的？」

我一下子傻住了。

大娘的女兒跑過來扶住她哭著說：「媽……我爸他被車撞了。」

我幫著那家女兒一起把她扶到床上，她眼睛直直的，整個人一動不動，像一尊塑像，老半天都那樣。突然，她站起來，快步走到廚房，從冰箱裡拿出一個塑料袋，把袋子裡的東西倒入一鍋冷水中，開始煮起來。

她女兒著急地問：「媽，您這是幹嘛兒呀？」

她哆嗦著說：「我給你爸煮點餃子，他吃了好上路。陰間的路，一定又冷人又多，你爸他老實，不吃飽了，我怕他被人欺負。」

女兒聽了，哭著抱住了她。

「珍兒啊，你別哭，誰都有這麼一天，哭啥？你看媽就不哭，你爸現在還沒有走，或許正看著咱們呢，看到咱們老哭，他走得也不踏實不是？珍兒啊，聽媽媽話，咱們不哭……哭，你爸也活不過來了！你爸活著的時候，我們就說過，誰先走，留下來的那個人……不哭……」說到這兒，我看到她眼淚止不住地往下掉：「你看，人老了眼淚也不聽使喚了，說不哭不哭的。」

餃子煮好了，她走著很小的步子，身子來回搖晃，女兒扶著她的胳膊說：「媽，您要找甚麼？

我幫您。」

「不用你，我要親自做，這一輩子都是你爸爸照顧我，我都沒有為他做過甚麼。」大娘哭著打開廚房所有櫃子的門，找了半天，不停地找，最後也沒有找到。

「老李啊，你把飯盒放哪裡啦？你快回來啊，幫我找出來啊⋯⋯你甚麼都不讓我做，現在好了，東西放哪裡，我全都不知道⋯⋯老李，你快回來，給我找出來啊⋯⋯」

她沒有找到飯盒。女兒在廚房裡哭，她扶著牆直直地走到屋子裡，天已經全黑了。屋子裡漆黑一片，她摸索著打開衣櫃，開始找衣服，邊找邊說：「老李，我要去看看你，我給你帶幾件衣服。你腰不好，護腰要給你帶上。對了，還有血壓藥也帶上，你總不按時吃。給你買的助聽器，你也不好好戴。你就知道照顧我，你對你自己一點也不關心！」她和空氣說話，好像大爺就在她身邊聽著她說。

我開始擔心，看起來她真的要去太平間看大爺。我不能不讓她去，我只能讓她看到她記憶中的老伴兒。

第二天早晨，我和大娘的女兒攙扶著大娘來到太平間，在太平間門口，我蹲下仰頭對著大娘說：「您聽我仔細說啊，大爺要去的地方特別冷，我怕他冷給他戴了個老暖和的帽子，一會兒您進去，不能把帽子拿下來，大爺怕冷。還有大爺的手啊臉啊都會很涼，因為……他已經在路上了……您聽明白了嗎？」我看著大娘的眼睛，一個字一個字地說。

她含著眼淚點頭，緊緊地握著我的手，冰涼冰涼的，全身都在發抖。我突然有種對不起大娘的感覺，覺得我不該騙她。我用兩個胳膊架著她，她像個木偶一樣，一步一步走進了太平間。她的女兒還是不敢進去，在門口等著。

當她看到老伴兒，手抖著，不知道放哪裡才好，眼睛從頭一直看到腳，手也跟著眼睛一直走。她想把手放在大爺的身上，但始終沒有。我以為她會大哭，但也沒有。她只是斷斷續續地不利索地說：「你這是撞哪兒啦？疼不疼啊，哪裡疼，你倒是和我說說，說說再走也好啊……」

她哆嗦著掏了半天口袋，甚麼也沒有掏出來，哭著說：「我把助聽器忘家裡了。」

她低下頭趴在他的耳朵邊上，大聲地喊：「老李，是我，你聽得見嗎？我給你帶了餃子，還是上次你包的芹菜餡的，你好歹吃幾個……路……太遠……太遠……老李，還記得我們結婚那會兒，我們家不同意，你跟我爸說會照顧我一輩子，一輩子不讓我受一點累。我今天來就是想告訴你，你說到做到啦！你到了那頭如果看到我爸，你告訴他，你做到啦……你以前和我說，你說兩口子總有一個先走一個後走的，誰先走誰享福。你還說，如果你先走，留下我一個人，你實在不放心。老李……我知道我知道，我知道你也不想走。你是多愛活著的一個人啊……」她喊完好像已經虛脫，沒有一點力氣。

她喘了好一會兒，然後用手擦了擦臉上的淚，又哆嗦著拿起裝餃子的飯盒，掏出筷子。還是對著大爺的耳邊大喊著說：「從結婚到現在，餃子你都是讓我先吃第一個……今天，也聽你的，我先吃……第一個！」說完她把一個餃子放進嘴裡。

終於，她「哇」地一聲哭出來，好像剛出生的嬰兒，來到人間哭的第一聲。她就那麼傻傻地站著，手裡拿著筷子，嘴裡含著一個餃子，「哇哇」地哭起來。我扶著她的肩膀，看到她嘴裡的餃子，還是完整的。但我知道，大娘的心一定碎了。

你要聽話地等著，
不是等媽媽回來，
是等你長大，
等你長大了，
你就明白了。

在白事中死的最多的是老人，但在白事中給我最深感動的卻是孩子。

總有好奇又聰明的孩子問我：「大了叔叔，甚麼是死啊？是再也不回來了嗎？那死的人都去哪裡了呢？」

我也總是這樣回答他們：「從哪

裡來就回到哪裡去了。」好像我是死神代言人，是死亡代課老師似的。基本上我這樣回答完以後，接下來就會是一連串的車軲轆問題：「那人從哪裡來呢？」這問題誰能回答出來？就好像小時候我們都問過媽媽：「我是怎麼來的？是你們從垃圾箱撿來的嗎？」我媽的回答是終極回答，一句話解決所有問題：「等你長大就知道了。」

我不想這樣回答孩子，覺得和沒說一樣。可在一家白事上遇到了一個孩子，我最後還是說了這句話。

不知道有多少癌症病人是活著走進腫瘤醫院，最後成為一個只能躺著的死人，讓人抬著用救護車送回家的？我就不明白了，怎麼就有無數的癌症病人覺得自己能被醫治好呢？這和隨意買一張彩票就中了大獎是一個道理，幸運怎麼就那麼稀罕你呢？

在某些時候，希望真是個吃人不吐骨頭又不挑食的貪吃鬼。

有一家白事上的死者就是這樣的情況。我來到他們家的時候，老遠就聽見一個孩子的哭鬧聲，進了門以後，看到好幾個大人都在勸這個孩子，那是個男孩，看樣子有四五歲，他大聲地鬧：「為甚麼不讓我看媽媽？為甚麼不讓我看？我媽媽怎麼了？讓我看看……我媽想我，你們知道嗎？醫院不讓我去，媽媽回家了也不讓我看！你們把我媽媽怎麼了？我今天就要看！你們躲開讓我進屋，我要看我媽媽……我要看我媽媽！」

有一個四十多歲的中年女人哭著說：「你這個孩子，怎麼這麼不聽話呢？你媽剛出院睡覺了……你聽話啊……現在不能進去。」

孩子一頭的汗，繼續鬧：「我進屋我不鬧，你就讓我看一眼，看一眼怎麼了？我想我媽，上次去醫院她還和我說，她快好了快出院回家了，天天和我一起玩『大富翁』呢……」然後孩子對著關著的門，大喊：「媽！媽媽！！他們不讓我進去看你，你讓他們別管我，讓他們都走，媽媽，你讓我進去，我想你，我想看看你！」

我實在看不下去了，對那幾個大人們說：「讓孩子進去吧……讓孩子看看媽媽！我是大了，我帶孩子進去，讓孩子和媽媽說幾句話，要不孩子長大了，一輩子都是個遺憾。你們說呢？」

他們放開了孩子。孩子抬頭看了看我，我伸出手，他握住了。我推開了房門，我們一起走了進去。

屋子裡掛著窗簾，很暗，孩子的媽媽躺在床上，從頭到腳蓋著一個單子，孩子的爸爸坐在床旁邊，不說話也不哭，在抽煙，眼睛看著床頭桌子上的一張照片。屋子太暗又都是煙，特別嗆，孩子一進屋就撒開我的手，跑上床，躺在媽媽身邊，一臉幸福的表情，對著媽媽說：「媽……沒關係，我不嫌棄你醜，不就是頭髮沒有了嗎？沒關係的，孩子沒有嫌棄自己媽媽醜的，我們幼兒園小琪琪的媽媽比你還醜，你不是最醜的！豆豆再醜，媽媽你也喜歡我，這是你說的。媽媽生病了，頭髮沒有了變醜了，媽媽再醜我也喜歡你！哦……我知道了，你怕我嫌棄你難看，你才不讓我進來看你啊……」孩子揮著手，使勁地搖頭：「媽！不會的！我保證不會！我保證！不信，我們拉勾！」孩子看媽媽不說話，他對著爸爸說：「我媽媽真睡覺啦？

你們給她吃藥了是嗎?那媽媽要睡多久呢?我想讓媽媽醒過來,我還想和她一起吃飯呢……」

孩子的爸爸也不說話。我看見他哭了。這個漢子一手拿著煙,一手抹著臉上的眼淚鼻涕,把它們抹到腿上,深深地歎氣。

孩子看到爸爸哭了,嚇壞了哭著問:「今天你們都怎麼了?媽媽的病不是好了嗎?不是都出院了嗎?那為甚麼你們都不說話?」

「豆豆乖,過來,爸爸跟你說,你媽媽病沒有好,她回家是因為……她……死了……」孩子的爸爸不敢看孩子的臉,低著頭說。

「我不讓媽媽死!我不讓嘛……」孩子坐在媽媽的身邊,伸手把蓋在臉上的單子輕輕地掀開一個角,露出媽媽的臉,他看到以後,轉過頭大聲地對他爸爸說:「你騙人!爸爸是個大騙子!媽媽這不是睡著了嗎?怎麼說是死了?」孩子轉過頭,又很輕地把單子給媽媽蓋上,小聲地說:「媽媽你睡覺吧,我也睡覺,我們一起睡覺。」說完,他跑下床,從一個櫃子裡找出一條毛巾被,他躺在媽媽的身邊,學著媽媽的樣子，也把自己從頭到腳都蒙上，一動不動安靜地待著。

「豆豆！」他爸爸一把把毛巾被從孩子身上拉下來，哭著說：「你媽媽死了！死了你知道嗎？就是你以後再也沒有媽媽了……」

孩子鬧著說：「你還我……你還給我，你不還，我告訴媽媽啦。媽，你看我爸爸，你醒醒，你管管他啊！」孩子搖著媽媽的胳膊撒嬌地說。

孩子的爸爸急了，大聲對著孩子吼：「你這個孩子！太不聽話了！死了，你媽媽死了，不會再醒過來了！」

「媽，你到底怎麼了？我不讓你死！我不讓你死……你為甚麼要死啊？」孩子委屈地哭，搖著媽媽的胳膊。

我一把抱起可憐的孩子，孩子在我懷裡哭著求我：「我不讓媽媽死，我讓媽媽陪著我，我讓媽媽還和從前一樣送我去幼兒園，親親我，在我臉上蓋個口紅章，想媽媽的時候摸摸。下午媽媽來接我，在我這邊再蓋一個……我要媽媽送我去幼兒園，我不讓她死！豆豆不讓媽媽死！」孩子邊說邊抽抽地哭，身子一抖一抖的，委屈的眼淚大滴大滴地往下掉。

我把孩子抱出屋子，把他放在地上，蹲下擦了擦他臉上的眼淚，平靜地對孩子說：「豆豆，你聽叔叔說，媽媽生病了，要去很遠很遠的地方去看病。你要聽話地等著，不是等媽媽回來，是等你長大，等你長大了，你就明白了。」

望著孩子滿是眼淚的眼睛，我在心裡對自己說，孩子，我多麼希望你永遠也不要長大啊……

這個路口就是我爸的！今天你在這兒燒一個試試？我連你一塊兒燒了！

這個路口是我爸的

我總想不明白，為甚麼有些人就喜歡在白事上打架呢？是因為心情不好太傷心，需要用打架的方式緩解情緒呢？還是一定要找個人或是找點事兒出出心中的怨氣？嗯，一定是這樣，因為拿死神沒有辦法，就拿好欺負的活人下手。

你一定看見過打群架的，那你肯

定沒有看見過兩家辦白事的人打起來的，不僅打起來，還是在大馬路上。這都不是新聞，應該算是奇聞了！這麼好的事情，就被我遇見了，我差點沒被一個手指甲像貓、身體像虎、長得像牛魔王的女人，把臉給抓花啦。

死人也有淡旺季，淡季的時候一天死不了幾個人，旺季來了，跟電影《死神來了》一樣，每天都要死個二十幾口子。一般旺季就是夏天尤其最熱的伏天，老奶奶老爺爺們一個接一個離開了這個如熱鍋一樣的人間，好像去天上避暑一樣，迫不及待地。我們大了和突然下暴雨時的出租車一樣，成了搶手貨，誰下手慢一點，我就有可能被別人搶走了。

死亡旺季來臨，我老牛了，跟《非誠勿擾》裡的女嘉賓一樣，那叫一個挑剔，太遠的不去，樓層太高的也不去，不是我不好好工作啊，真是這天太熱懶得動。

就好像夏天旅遊旺季有很多冒牌的導遊一樣，死亡旺季也有很多假冒的大了。可死者的家屬不知道哪一個是李逵哪一個是李鬼。遇到李鬼的死者家屬一般都不知道自己身處假冒者的欺騙之中，因為他們不知道甚麼是真的，所以也就不知道甚麼是假的。只是在錢上會受一些損失，人家騙的也就是死者家屬的錢，你當是騙死者的色不成？

外行永遠是外行，當外行遇到內行，我告訴你，外行怕自己露怯，裝得比內行還內行，就跟真假孫悟空似的，假的倒像是真的，可真的還是真的。

我就遇到過白事上的李鬼，還和李鬼有了一次很正式的交鋒。我們是在送路時相遇的。我們選擇了同一個道口送路，不僅如此，還選擇了晚上相同的時間。

兩隊送路的人馬，都穿著重孝，抬著幾乎一樣的轎子箱子白馬大牛的，不知道的還以為是一家白事呢，別說別人，連我都差點這樣以為了。如果不是看到李鬼，我還真沒發現。其實就算巧了遇到了，也沒有關係，大不了，大家一商量，我或者對方，再往前走多幾步，走到下一個路口也就無事了。但是李鬼特別心虛，因為他沒有經驗，以為一定得跟比武招親一樣，要搶奪同一個道口。所以你看那虛張聲勢咋咋呼呼的幾乎都是外行。

還沒有等我説話，李鬼就急了：「誰讓你來這兒的？這個路口一直都是我的！」偏偏我們這家白事死者的兒子也是江湖上走的人，一聽這話太不順聽也急啦：「你會説人話嗎？嘛兒叫這是你的路口？你誰啊？你算哪根蔥哪根蒜？嘛兒就是你的？你是土地爺啊？」

這回李鬼老實地沒説話，對方家白事死者的家屬裡竄出來一位，也是黑道中人，一開口就是黑話：「你個臭傻逼！你再説一句試試？這個路口就是我爸的！今天你在這兒燒一個試試？我連你一塊兒燒了！」

我是一句話還沒有説，這就要打起來。我趕緊壓制住我方，拉著他就往前走，我説：「都是白事，都是家裡有親人去世，都心情不好，我們去下一個路口，也不遠……」

可李鬼那家的人還是不依不饒：「你們別走！站住！想走？沒有那麼容易，你剛才不是挺牛逼的嗎？現在怎麼跟地老鼠一樣想溜啦？不行！剛才放屁那個，給我滾出來！道歉，必須道歉！」

一般這樣的情況，叫別人道歉等於是對別人說：「來吧！我們打一架吧！我們想打架，來啊……打我！打我啊！」

難不成對方白事家的人有打架的癮不成？一個合格的大了，這個時候必須要出來阻止，把事情盡量大事化小小事化了。我正找李鬼，李鬼一看我們不說話以為我們老實好欺負，他跳出來，指著我說：「我說這個路口是我的吧！我告訴你，今天你遇到我算你倒霉！就你那窩囊樣兒還當大了？你別給大了丟人現眼啦！」說完他不解氣，看有人給他撐腰，他還來勁了，又指著我們這邊所有參加送路的人說：「瞧瞧你們那個德行？活該你們家死人！」

他這不是往火上澆油，簡直就是自焚的行為。他剛說完，就被一個迎面飛來的手機拍了個滿臉花，現在手機越做越大，簡直就是一塊板磚。他的鼻子立刻就流血啦，跟自來水一樣「嘩嘩」地往下流。

最後就和香港電影裡黑幫火拚的

場面一樣，各自都找到了對手。男的也不管了，我看到有兩個男的還相互揪頭髮，從後面看兩個人像談戀愛一樣，臉貼著臉。女的還真有花木蘭，有一個女的已經把另一個女的上身的衣服幾乎全扒了。這是有多大的仇啊？

雙方白事都穿著孝服，就跟踢足球的兩隊都穿一樣的服裝出場。這不是為難裁判嗎，你說我招誰惹誰了?這一對一對的，拉架都不知道從哪對兒下手。我正不知所措的時候，從對面陣營裡衝過來好幾個中年婦女——天津大多稱呼老娘們——看都不看，見人就撓，場面頓時十分混亂，要不是我跑得快，差點就被毀容了。我一看這是要出人命啊，機智地掏出手機報了警。十幾分鐘以後，強大的人民警察就來了。

得！送路最後把自己送進了派出所。因為是我的報警，我又沒有參與打架，我可能是第一個被放出來的人。等我從派出所裡出來，回到死者家裡，只剩幾個老弱病殘，其餘的人還都沒出來。可是這路還是要送啊，沒轍了，我和幾個老奶奶商量。要不怎麼都說還是老人仗義呢！有個八十多歲的奶奶說：「走！我跟你去！路不送哪兒行啊！這人的魂兒還在，等著咱們送呢！」

最後我領著一群小腳偵緝隊，又找來幾個幫手，趁著月黑風高趕緊地把這路給送了。回來的路上，我背著那個八十多歲的老奶奶，她在我背上哭了一道兒。

幾天以後我一打聽，李鬼家的白事根本就沒有送路。外行就是沒有職業道德，光說不行。

# 死神，

你能不能對我們史老師好一點。他人很不錯喲，你如果對他好，我保證他會給你好評，給你點讚的。

有時，人一輩子遇到一個好老師，比遇到好父母還幸運。史老師就是這樣一個好老師。他是教語文的，當時他教四年一班，班裡有四十二個孩子，每一個都和他是好朋友。可能好人都不長壽吧，史老師僅僅三十八歲，腦癌就讓他在這個世界消失不見了。

史老師還沒有去世前，我們就見

了一面。史老師真是新時代的知識分子，對死的覺悟那真是好比英雄上刑場一樣，視死如歸的。我的客戶一般都是——不對，應該說幾乎全都是死人，冷不丁見一個活的客戶，我還真有點不好意思。史老師特別大方，見面就和我握手，笑呵呵地對我說：「大了師傅，我先說聲謝謝了！我死了以後，就麻煩你了。今天找你來是有件事情要當面和你說清楚。」

我不知道是笑好還是不笑好，就在笑與不笑之間估計表情一定特別詭異地說：「史老師您千萬別這樣客氣，有甚麼交代您儘管說。」

史老師還挺開心：「對！還真是個交代。我先和你說點遠的啊，咱們國家有兩件事情對孩子們一直搞得很神秘，一個是性一個就是死。其實呢，孩子是最有求知慾的，你越不告訴他，他就越是想知道。我剛出院的時候，班上的同學都來看我，我說到死的時候，好幾個女孩子就哭起來了。我問她們為甚麼哭，我還以為是捨不得我死呢，誰知道孩子們告訴我，是因為害怕死……」說到這，史老師停下來，休息了一分鐘，繼續說：「所以呢，我就想，想在我的追悼會上開一個關於死亡的班會，就算是堂生死課吧。教具就是我，現成的。我已經和學校領導申請過了，領導也都同意，徵求了學生家長的意見，四十二個孩子，有三十九個家長都同意了。當然還有孩子們，我和他們都是哥們姐們的，當然也都沒有問題。我已經讓同學們都去準備了，寫一首詩或幾句話都行，不是寫給我，是寫給死神，班會的名字就叫《死神，你好》！怎麼樣?有創意有意思嗎？」史老師說完，身子往後，倚在床頭上，大口地喘氣。他的樣子讓我想到了一條剛剛捕撈上來的大魚，每一次呼吸都是一次生死掙扎。

說真的，我被深深感動了。我不想錯過這樣一個千載難逢的採訪機會，不是我好奇，我是真想知道，於是弱弱地問：「史老師，您真的就不怕……不怕死嗎？」

我看到他笑了一下說：「和你說真話，我也不知道那是不是怕。有時一想到不能照顧父母，不能陪著自己的孩子長大，不能再和愛人一起生活，不能再去上課，不能再看見那些可愛的學生們，我就難受。你說這是怕嗎？」

我慢慢地搖了搖頭，被感動得老半天都說不出話來。

那次談話過了一個月左右，史老師就去世了。我給他穿上一身深藍色的西裝，白色的襯衣，沒繫領帶，戴的是一條鮮紅的紅領巾，腳下穿著一雙黑色的布鞋。這些都是他那天提前就和我說好的。我問史老師的愛人：「為甚麼要穿布鞋戴紅領巾呢？」

史老師的愛人也是位老師，兩人在同一所學校。在我的記憶裡她始終都沒有哭過。她很平靜地回答我說：「其實他平時上課也是穿布鞋的，他說如果有下輩子，他希望還穿著布鞋給孩子們上課。戴紅領巾，是因為追悼會那天的主題班會，他也是其中重要的一員。所有參加班會的人都要戴紅領巾……」

我又被感動得老半天不知道說甚麼才好。

史老師的追悼會是我見過最特殊的追悼會。三十多個孩子，整整齊齊地站成一個方隊，都穿著校服，戴著紅領巾。兩個男同學舉著一個條幅，白色的條幅寫著一行黑色的字：四年一班主題班會——死神，你好。

每一個同學都上台發了言。

有一個小胖子，他胖胖的手拿著一張紙，因為緊張手和紙都在抖，聲音也是，他大聲地朗讀：「死神，你好！我把我最親愛的老師和朋友交給你，我希望你能好好地對待他，不要讓他受一點苦，他為了我們所有的同學才累病的。他對我說過，不是希望我能取得多麼好的成績，只是希望我可以在遇到困難的時候，不低頭不放棄，頑強地戰勝困難。死神，所以我警告你！你不許欺負史老師，就算你欺負他也沒有用，他一定可以克服困難戰勝你！所以你還是和他做好朋友吧！」

還有一位女同學，也胖胖的，她慢吞吞地走了幾步，向史老師深深地鞠躬，然後轉過身，聲音不是很大，並且越說聲音越小：「死神，你好！我不知道該和你說甚麼，我覺得我害怕你，我媽媽在我六歲的時候就死了，從此以後我再也沒有見過她。現在又是史老師。死神我不知道你為甚麼要讓他們都離開我，去你那裡呢？如果你能回答我，請你告訴我，為甚麼你要這樣做？總是帶走我身邊對我最好的人？我也問史老師了，他說，困難是想讓我變得更堅強。可是，可是我不想……變得堅強……我想他們能在我身邊……」說著孩子哭了。

一個男孩子寫了一首詩，我竟然忍住了沒有笑：「死神，你是不是有神經病啊？瞎乎乎的也不配個眼鏡！死神，你是不是整天沒事可做？閒得你難受啊，欺負我們地球人，開心找樂。我說死神，你知不知道，你這樣做，很傷人的啊！死神，我不管你有多牛，但是我不怕你啊。早晚我要去見你，和你決鬥，和你評理。你給我等著，等著有一天我去找你啊！」

最可愛的是一個女孩子，眼睛很大看著就不一般，寫得也讓人難忘：「死神，親，你好！你別嚇唬我啊，人家可是萌萌噠。聽說去你那裡的人就沒有回來的，看起來你那裡是沒有退貨的喲……我一想就知道，親，你最實在啦，好不好的你都要著。你這樣的神真不容易，你這一天要接多少單啊？不要把你這小身子累壞了，從小我就聽說，死神可酷了，一身黑色袍子，手裡拿個鉤子還是叉子鐮刀甚麼的武器，還特別瘦，瘦得就只剩下一把骨頭了。死神，你是神界的勞模嗎？好活都被別的神搶了，就把這個受累不討好的活兒給你了。用我媽的話說，死神，親，你真是純爺們！說了半天，我就是希望，死神，你能不能對我們史老師好一點。他人很不錯喲，你如果對他好，我保證他會給你好評，給你點讚的。好好考慮一下，不要太任性啦……」

聽完孩子們的發言，我好像突然之間明白了，為甚麼史老師和我說不捨得這些孩子。離開這樣一群孩子，換成是我，我也會怕，會捨不得離開。史老師教出來的孩子，和史老師一樣，都讓我長時間地感動，卻甚麼也說不出來。

新的一年，對於他可能是新的下一輩子。

我這可不是訴苦，只是介紹一下大了的基本工作。我們沒有節假日，沒有公休日，沒有旅遊假，沒有婚假年假，任何假統統沒有。不僅如此還和銀行自動取款機一樣，提供二十四小時晝夜服務。還要有送外賣的速度，不是外賣，是一一〇、一一九一般的速度，第一時間趕到現場。救人如救火，死人雖然不用救也不是火，但是我告訴你，死人的家屬，急得比著火還著急呢。

那種心情，只有經歷過的人才知道。我知道那感覺，就好像心裡一半是火一半是冰，冰和火再攪合在一起。我雖然不能和死人感同身受，但我能理解死者的家屬，理解他們的心情，不是說理解萬歲嗎？多理解理解他人，多替他人想想，很多事情很多時候也就不生氣不著急了，不信你試試？

每年春節除夕那天睜開眼，聽著外面的鞭炮聲，我都會想，今天誰會死呢？今年會是誰死在大年三十兒呢？那個人現在知道不知道，自己就不能活到下一年了呢？是正在和往常一樣呢？還是躺在床上已經奄奄一息了呢？誰又願意讓自己在大除夕離開這個熱鬧的地方呢？可是死真不能選，不能和買獎券似的，自己選個號，自己選個日子。當然自殺的不算在內。

我躺在床上，瞪著白色的房頂子，我能「呢」個十分鐘，一點也不覺得自己無聊。覺得自己比那些一睜開眼就拿起手機看朋友圈的人有聊多了。至少我是在思考我的工作，思考我附近居民的生死。

我記得有一年的春節除夕夜，我就是和一個死者家屬一起過的。大家都在相互拜年，我卻把死者的手擺放在胸前。大家都在守歲，我卻在守靈。

去世的是一位老人，本來心臟就不好，加上現在的鞭炮越做聲響越大，老人心臟受不了。除夕零點臨近時，正是鞭炮最響的時候，老人聽著震耳欲聾的鞭炮聲，安靜地走了。老人去世，他的世界從此安靜了，可他的家人接受不了。把我找去的是死者的鄰居，他也沒有進屋，可能覺得大過年的不吉利，只是在門口告訴我，有甚麼事情可以給他打電話。

我進屋，看到一個老奶奶的頭髮上還插著一朵聚寶盆的花，身上還穿著圍裙，手上臉上都是麵粉。屋子很亂，有一把椅子倒著，桌子上的麵粉也撒了一地——我來的時候在門口遇到剛剛開走的救護車，可能是救護的時候打翻的。我把椅子放好，把地上的麵粉收拾乾淨。我看到牆上掛著一張很老的照片，是一張全家福，兩位老人當時還很年輕，好像三十多歲，有一個漂亮的姑娘站在他們的身後，長得特別像奶奶，一看就知道是他們的女兒。

老爺爺躺在床上，除了奶奶家裡沒有其他人。外面鞭炮太響，我對著奶奶大喊著說：「奶奶，我是大了，您要通知家裡其他人嗎？我幫您打電話。」

老奶奶安靜地掉淚，想了一會兒，甚麼也沒有說，就是衝著我擺手，不停地慢慢地擺手。我明白地點頭。然後我們誰都不說話，就這樣老半天。我想著讓兩位生活了半輩子的老人多待一會兒。也許因為是除夕夜，所有人都那麼高興的日子就更顯得難過和冷清。

我和奶奶坐著，去世的老人躺著，我們三個人靜靜地聽著窗外轟鳴的鞭炮聲，有時煙花衝向天空，把整個屋子都染紅了。

我陪著他們，前一個小時還不認識，但在那一刻，我覺得我就是他們的孩子。我走過去，坐在奶奶的身邊，奶奶看了我一眼，我握住她的手，緊緊地握了一下。我看見奶奶的兩大滴眼淚「唰」一下子就掉了下來。此時我就是她的家人，我就是。

凌晨三點的時候，我特意看了一眼時間，開始給去世的老爺爺淨身。新的一年，對於他可能是新的下一輩子。

凌晨五點老爺爺穿上了壽衣，和小孩子過年初一要換新衣服一樣。

一大早又是沒完沒了的鞭炮，死去的老人安祥地躺在了棺材裡。

恰巧我看到太陽升起，有一道陽光照進來，屋子裡越來越亮。老奶奶一夜之間更老了，像很久沒有澆的花草，枯乾的臉上掛著透明的眼淚。她不出聲地哭了整整一夜。

早晨六點左右，奶奶哭著給女兒打電話：「閨女啊，你過來吧……你爸昨天晚上……心臟病過去了。」可能對方已經把電話掛了，但是她還是拿著話筒，放在胸前，「嗚嗚」地哭。我從昨晚到早晨，這才聽到她哭出聲來。剛剛給女兒打電話，奶奶委屈的語氣，好像自己才是女兒。看來，人一老真的是變回孩子了。

女兒看到老爺爺後像瘋了一樣，哭喊著：「爸！爸爸！您怎麼說走就走了啦……我以後回來就再也看不見了您嗎？爸爸！您說話，您一定還有話沒有來得及和我說，您和我說啊……爸爸……」

在那一刻兒，哭喊聲淹沒了鞭炮聲。

我覺得人活著所有的傷，就像是一個口子，都是可以縫好的，好像衣服上的口子一樣，時間一長啊，都能給縫補好。

# 歲月是個好裁縫

在一個白事上，有個阿姨找到我，很神秘地私下打聽：「大了師傅，我想問你個事情。」

我說：「您有甚麼事情儘管說。」

她還挺不好意思，看了一下四周才說：「你們有女大了嗎？」

我一聽就樂了：「女大了沒有，

但入殮師有女的。您為甚麼這樣問啊？」我開始好奇了。

她下意識地又看了看四周，很小聲地對我說：「不瞞你說，我得了癌症了，我誰也沒有說，我想……我不想……」

她是越說我越迷糊，我說：「您想甚麼？不想甚麼啊？」

她沉默了一下，好像下了很大的決心才說：「我想，能不能等我死了，你給我找一個女的大了或是你說的甚麼師，給我換衣服。雖然我已經死了，但是一個男的給我擦洗還有換衣服，我還是覺得不太好。大了師傅，你能理解嗎？」

我說：「我當然理解了。我看您現在身體還挺好的，估計不會那麼快就離開這個世界的，所以您也不要亂想，現在安心治病才是最重要的。」這樣說也不是客氣，我確實是這樣想的。

但是阿姨還是拉住我，著急地說：「不行，你現在能不能告訴我，如果不行，我就去找別人問問了。」

這位阿姨是抱著必死的決心啊，簡直就是一個死亡預約。我也只能認真對待：「您家裡還有甚麼親人可以幫忙嗎？如果有三四位親屬幫著，我可以去問問我媽媽，她年紀大了，她自己一個人可能不行。」雖然阿姨不是個胖子，但一個老人也搬不動。再說死人比活人沉，要不說，死沉死沉的呢。

阿姨哭起來了：「我是唐山人，以前有父母孩子丈夫還有一個妹妹，但是唐山大地震，在一夜之間，他們都離開我了，當時我真是不想活了，但看到大地震死了那麼多人，又覺得這都是命啊，該自己不死。經歷了大地震你就會突然明白，能活著真的不容易。」阿姨停了一下繼續說：「所以我自己一個人來了天津。下了火車，天津火車站都是人，我看到身邊過來過去的人，也不害怕，好像到了大森林的感覺，又覺得是空曠曠的……我在天津甚麼活都幹過，甚麼苦都吃過，但咬著牙都挺過來了……」

「那現在呢？現在您結婚了嗎？

生活得好嗎？」我這回不是好奇，是真正關心地問。

阿姨說：「我沒有結婚，也有幾個男的覺得不錯的，但是我的心早已經死了。我也不敢愛了，怕再失去……真是怕了。」

我同情心又大氾濫，馬上拍著胸脯子說：「阿姨您放心，如果您真的不在了，我一定幫您完成心願。我找我們家幾個親戚幫忙，幫我媽媽一起，照顧……您的……我保證，您對我放心，我把我手機號碼給您，我二十四小時開機。」

阿姨聽了特別感動，拉著我的手說：「謝謝你了，大了師傅，謝謝你媽媽，謝謝！還有個事情，我是個裁縫，壽衣我已經都做好了。自己做的可以嗎？」

「當然可以了。您不要胡思亂想。如果怕您走了以後，身邊沒有家人，那我和我媽我們全家人都是您的家人。您放心，不會讓您太冷清的，雖然我們剛認識，但我們家都是熱心的人。」

我剛說完，阿姨就哭得不行，哭得老傷心了，邊哭邊說：「我相信好人有好報，現在遇到你，我更加相信了。我開了一家裁縫店，我把掙的錢都捐了，給老人院的老人，還捐給沒有學上的孩子，哪裡發大水地震我都捐錢，我覺得這樣活著才叫活著，幫助別人讓我高興。我覺得老天爺讓我在地震中活下來就是讓我幫助需要幫助的人。」

我也握著阿姨的手說：「阿姨，您真是個好人。」

她不哭了，好像認識了我半輩子，對我笑了笑說：「你知道嗎？大了師傅，自從我知道自己得了癌症以後，我就想了很多，想我這一輩子，我不怕死，也不怕癌症，我就怕我死了孤苦伶仃的一個人。現在好了，我放心了。」

我突然又好奇了：「阿姨，地震是甚麼樣子的啊？」這個問題我也問過我媽，我媽回答我都是一句話，跟禪師似的：「等著，等到地震的時候，你就知道了！」每次，我都只能弱弱地擦汗，轉身閉嘴。

她想了想告訴我：「地震就是你眼前的所有東西都在搖晃，不是輕輕地搖晃，是天旋地轉地搖。我只記得這些。但是我知道一件事，我自己想了很久，從來沒有說過。我覺得人活著所有的傷，就像是一個口子，都是可以縫好的，好像衣服上的口子一樣，時間一長啊，都能給縫補好。雖然縫好了留下一個疤，但縫好了就不疼了就不往外流血了……」

這跟要去世的人聊天就是長知識，死讓所有人都開始思考。我覺得我又發現了一條死的好處。

一個星期以後的一天中午，我在另一家白事上忙乎，接到了一個陌生的電話。是阿姨的朋友打來的，說是阿姨去世了。當時我有些亂，對著電話說：「不是幾天前還好好的嗎？怎麼這麼快，人就去世了？」那朋友說：「我告訴你地址，你過來就知道了。」

我是白事專家，不過去我也知道，一定是自殺了。果然阿姨上吊了，寫了遺書，說把所有的都捐了。遺書提到我，還有我的電話號碼，還給我留了足夠多的辦白事的錢。有一句話我記得清楚，好像是說：「不去醫院不化療，不讓病折磨得死去。現在我還是我，還是我原來的樣子。」

我打電話喊來了我媽和我家所有能動的七大姑八大姨。她們接到我的電話，有打車來的，有叫家裡人開車來的，反正一句話，火速趕來！我那個感動就別提了，感覺我的家人太給力啦！

她們給阿姨穿上了她自己做的衣服。衣服真好看，是桃紅色的，褲子鞋子都是，她還給自己做了一個同色的小枕頭，被子單子也都是，全是桃紅色系的。給我的感覺，阿姨不是去死，而是去找她所有的家人了。難道死亡對於她就是回家嗎？要不怎麼選了一個這樣溫暖的顏色。

這個阿姨，還有她對我說的那些話，我一直都記得，想忘都忘不掉。在我做過的白事中，她是很少幾個我先認識了活人以後才變成死人的人。他們對我說的關於死的話，都那麼深刻，像刻在我心裡。每次想他們，都想起了他們活著的樣子。想起他們對我說對我哭尤其是對我笑的樣子。

愛情就是
一直的包容和照顧。

覺得委屈的都不能
算是愛。

# 好像身體少了一部分

說真的，我不怕看到女人哭、小孩哭，我最怕看到男人哭。因為我覺得男人一般都是不會哭的，如果哭了，那得要多難過啊。不是說男人膝下有黃金，要我說男人眼淚裡也有黃金。

白事中，我看到過男人為自己的父母長輩哭，為自己的孩子哭，為了兄弟姐妹，為了哥們好友哭，但為了妻子或自己愛的女人，卻是很少。

我曾遇見過一個大哥，他的妻子去世，他表現得很男人，妻子的白事對於他倒像是鄰居的白事，忙前忙後，不停地和親友打招呼，像個飯店大堂的夥計，一點也不傷心的樣子。

我問他：「你愛人去世了你不難過嗎？」

他吸著煙說：「難過啊，當然難過了，人都死了，還能怎麼辦？」

我又問：「大哥，你別生氣啊，如果是你的父母去世，你也這樣嗎？也不哭嗎？」

他瞪著要打我的眼神：「你這不是廢話嗎？我父母去世我能不哭嗎？老婆死了哭哭啼啼地多讓人笑話。」

我覺得這個大哥不愛他老婆，我想他很快就會再婚的。一定是。

在我的記憶裡印象最深的，有這樣一個男人，他哭得不是一般的傷心。

我對他說：「你真愛你的老婆。看你一直哭。」

他哭著說：「生活了二十七年，早已經不知道甚麼是愛了。只是她走了，我覺得……我就覺得，好像身體少了一部分似的……」

這句話，比多少句「我愛你」更讓人感動。可惜他的愛人再也聽不到了。

這個大哥的愛人是個精神病人，就是人們常說的「武瘋子」，聽鄰居們說，一旦犯病可厲害了，有一次拿著菜刀追著大哥在大街上跑，最後還是好幾個警察來了，才把菜刀給搶過來的。

大哥沒有辦法，怕傷害孩子，只能把老婆送精神病醫院了，但是大哥相信老婆有一天一定會治好，和從前一樣，三口人和所有的三口之家一樣，過著平靜的生活。

後來他老婆的病好了一些，大哥高興壞了，把老婆接回家，把她當孩子一樣照顧。他老婆不能工作不能做飯，一旦犯病就看甚麼砸甚麼，家裡的桌子椅子都是散的。但是大哥總覺得自己對不起老婆，自己沒有能力，也沒有錢，沒有把病給老婆治好了。

有一天，老婆拿菜刀割腕，他發現時人已經死了。我去的時候，看到他抱著老婆的屍體，還不停地用紗布給老婆包紮。請我去的是他家的親戚，對我說：「我看他也快瘋了……」

他一邊包紮一邊哭著說：「都是我不好，我沒有把菜刀藏好，我沒有把菜刀藏好。我不應該藏在床墊子底下，我應該把菜刀帶走，不應該放在家裡，唉……我知道你不能看見刀的。都是……都是我不好，我該死……」他說著說著，就掄起拳頭打自己的頭，「咣咣」地捶，一下子就過來好幾個人，拽著他的胳膊，不讓他打自己。

他抱起老婆的屍體進了屋，很多人都跟著進去，大哥說：「謝謝大家了，我想和老婆說幾句話，你們能不能出去。」有個大娘說：「孩子，我知道你難過，人都走了，你要往開了想，你還有孩子，你如果也哭壞了，孩子怎麼辦？孩子已經沒有媽媽了，不能再沒有爸爸。我知道你內疚，但是我們都不怪你。這麼多年，我們也都看在眼裡，你如果有錯，你也得到懲罰了。我的女兒我知道……她的命不好，誰也不怨，怨就怨她自己命不好。」

大哥聽著一把一把地抹眼淚，還是說：「我就想和桂芳再呆一會兒，好像她從前沒有病的時候一樣，兩個人躺在床上，說說話兒。求求大伙兒，就滿足我這一個願望行嗎？自從桂芳病了以後，我們就再也沒有兩個人躺在床上，說說話……」

大家都出去，把門輕輕關上，但所有人都不放心，躲在門口聽著。我覺得在那一刻，每一個人的呼吸都是輕的，安靜得每個人都能聽見自己呼吸聲。

「桂芳啊，咱倆多久沒有這樣躺一個被窩裡說話了？我記得有十九年了，十九年，一晃我們就老了。雖然你犯病的時候，根本不認識我，但沒關係，我認得你，我認得你就行！認得你是我老婆，是我吳剛的老婆。你還記得嗎？有一次你打我，打著打著，突然就停了，然後你問我，吳剛，你怎麼流血了？你給我擦臉上的血，我以為你的病好了，我抱著你哭，然後你的病又發作了，你又開始打我……沒事兒，我知道，那不是你。十九年我別的沒有練出來，我捱打算是練出來了。你不信，你現在打我的臉，我都不覺得那麼疼了。有時你好幾天病不發作，我還有點不適應似的。你看你，你把我練出來了吧，你自己卻走了。以後啊……也沒有人打我了……」

大哥還沒有說完，我已經聽不下去了。身邊偷聽的人都默默地哭，我像個逃兵一樣，躲在門外吸著煙，我知道我再聽下去，也會哭出來。大了都哭了，這白事還怎麼辦？

大哥說完了從屋子裡走出來，對大家說：「我老婆死了，我要給她穿壽衣，你們誰也別管，誰也別進來。」說完，大家看著他拿了一個鐵盆，鐵盆已經完全變了形狀，估計是被大哥的老婆砸的，都變成了三角形。

他端著變了形的盆，走進屋子又關上門。一屋子的人都特別安靜。都默默堆在門口，安靜地等著。在那一刻，雖然是白事，但不知道為甚麼，我的心卻特別溫暖。

事後，我問在屋子裡和大哥說話的大娘：「大哥的老婆是怎麼得的這個病兒？」

大娘還沒有說，眼淚先掉下來：「我的閨女命不好。她上夜班，每天我女婿吳剛都騎著自行車去送她。有一天我女婿喝多了，我閨女就沒有喊他起來，自己騎著自行車去上班了，晚上十二點，又是冬天，本來人就少，有的地方也沒有路燈，我閨女就遇到劫道的了。那個人手裡拿著一把刀，從那以後，桂芳就得了這個瘋病，見人就打，看見刀拿起來就砍。吳剛，因為這件事情，也一直內疚，照顧了這些個年……」

聽大娘說完，我才都明白了。

我看著哭個不停的大哥，彷彿一下子明白了甚麼是愛情。愛情就是一直的包容和照顧。覺得委屈的都不能算是愛。

我完全沒有想到，

它會哭，

眼淚和我們的一樣透明。

# 陽光

陽光是一條狗。估計現在陽光不是死了，就是已經成了一條流浪狗。因為它的主人去世了。

陽光真是一條忠誠的狗。狗對主人的感情，人真應該學學。其實我本來想收養它的，但是陽光不同意，還差一點咬到我。

我家的人沒有一個得糖尿病的，

所以不知道原來糖尿病嚴重了是可以導致失明的。所以說大了這個工作是有很大學習空間的。

有一個老奶奶七十多歲了，得了糖尿病就瞎了。老奶奶還很年輕時丈夫就去世了，她一個人住，她的兒子挺孝順，給老奶奶弄了條狗，是一條淺黃色的金毛犬。那種顏色我經常見，很多女的都把頭髮染成這種色兒，老奶奶因為看不見的原因，給它起了個好聽的名字叫陽光。

有一天晚上，老太太的兒子給老人去送飯，看到老奶奶躺在地上，人早已經去世很久了。老人躺在地上，手裡拿著電話，估計是覺得心臟不舒服，想求救的，但沒有成功。

開始我還沒有注意陽光的存在，雖然白事來了很多人，但是它一聲也不叫，趴在屋子的一個角落，大忙忙的誰也不會注意它。但自從我發現了它，一直到老太太出殯的這三天裡，我都被一條狗感動著。這種感動是人沒有給過我的。陽光用行動告訴我，甚麼是忠誠！絕對的忠誠！

陽光像一個受了委屈的孩子，頭

趴在地上，全身一動也不動，只是眼睛睜開著，看著來來往往的人。等我們幾個人抬著老奶奶的屍體想要放進棺材裡的時候，它從角落裡一下子衝出來，對著我們狂叫，當時還真把我們所有人嚇了一跳。估計在它的世界裡，它不知道我們要做甚麼，可能覺得我們要傷害老奶奶，而它要保護主人。我們覺得老太太不僅是陽光的主人，或許在陽光的眼裡，老太太是全世界。

老人的兒子跑過來，大聲訓斥它：「陽光！陽光！不許叫！這都是家裡人……奶奶認識的，是家裡人！」

雖然不叫了，但是陽光站著，耳朵立著，站得很直像站崗的士兵一樣，黑黑的眼睛，來回地轉，頭微微搖晃。看它那樣子隨時都有可能撲上來，跟我們拚命。還好有老人的兒子站在它的前面，要不，我還真有點含糊（忽略——編者註）它。

陽光看著我們把老奶奶放進了棺材。它親眼看到以後，就再也不離開棺材半步了，整個身子趴在棺材左邊靠後的位置。起先有人來弔孝，它還抬起頭看一會兒，然後再趴回去，人來得多了以後，它就只是眼睛看看，頭不再動了。

我坐在離陽光不遠的位置，暗暗觀察它，而它連一眼也不看我。它偶爾會把眼睛轉向棺材，看棺材再也不打開，它就等著。慢慢地，它有些著急了，偶爾會發出很輕的一兩聲哼哼，很輕，不是離得近根本聽不到。白事上人多聲音雜，聊天的打電話的，各種聲音，但是它的叫聲，我還是聽出了難過的感覺。陽光在哀叫，好像一隻鳥看到另一隻鳥死去時那種傷心的叫聲。雖然我聽不懂，但我知道，那是陽光在小聲地喊老奶奶，它喊她起來，因為它擔心她。別看我沒有養過狗，可我知道。我就是知道。

果然，它不知道怎麼了解的，知道我不會傷害它，慢慢地站起來，看了我一眼，伸出它的一隻前爪抓棺材，好像敲門。我想它是想叫醒她。後來我才想到，它一定是餓了。但在當時我不知道，它抓了一會兒，看老奶奶沒有任何動靜，它轉過頭用黑黑的眼睛看著我。

天啊，我竟然看到它的眼睛裡

全是眼淚。我全身一震，真的傻了。我完全沒有想到，它會哭，眼淚和我們的一樣透明。可能它已經哭了半天，我看到它眼睛兩邊的毛都是濕的。它無奈地望著我，輕輕地走到我的腳邊，舔了舔，我猜它是想向我求救，讓我幫它打開棺材，讓老奶奶起來。

我猶豫了一下，試著摸了摸它的背，它抬頭看著我，眼淚在它眼睛裡汪著，顯得眼睛很亮。它無法用它的語言和我說話。對於一條狗，看著所有人，一定很孤單。這種孤單的感覺我懂的，有次我去夜店，看見身邊全是人，就是這種感覺。突然我覺得我和陽光一樣，都是人群裡孤獨的動物，但是我幫不了它，這讓我很難受。

老奶奶出殯那天早晨，我聽說陽光已經三天沒有吃東西了，連老人的兒子餵它，它也不動一下食物。我去老地方看它，看到它面前的食物都是好吃的，但是它就是那個老姿勢，全身著地頭在前地趴著。我覺得它知道老奶奶死了，它也不想活了。

我走過去蹲下，摸了摸它的

背，摸到了骨頭，軟軟的暖暖的。它當我不存在，我輕輕對陽光說：「你吃點東西吧……我求求你，你要心疼死我啊……要不，你跟我回家吧，我覺得我們兩個還挺像的，行嗎？嗯……」說著我想摸摸它的頭，沒有想到它突然急了，轉過頭就是一口，太快了，我嚇得把手縮回去，再也不敢靠近。

把老奶奶抬出棺材，陽光照舊站著看著我們，也叫，但是它已經沒有甚麼力氣，三天的不吃不喝不睡，讓它一下子就病了老了，叫聲和第一次的狂叫差太多了。我的心有點疼。見過多少死人我都沒有疼過，為了一隻狗，真的疼，不騙你們。

老人抬上火化車，我看到它也跑出來，走得很慢，已經不叫了，我覺得它徹底絕望了。雖然我和它有幾步的距離，我依舊看到它眼睛裡的淚。它的傷心不比人少，只比人多。

火化車開在最前面，我坐在火化車後面的車裡，隔著車窗玻璃，我看到了陽光，它玩命地跟著火化車跑，車越開越快，它越跑越慢。我喊司機停車，我下了車，我對著它跑過去，它看到我，多聰明的狗，它竟然明白我的意思，跟著我上了車。沒有對我兇，只是安靜地坐在車裡，看著車窗外。

最後我們都離開火葬場的時候，陽光沒有離開。我喊它讓它跟我上車回家。它只是看著我，一聲不出地看著我。汽車開動，我對自己說，只要它跟著車跑，我就讓它和我回家。我一直回頭看著陽光，但是它沒有動。

我看著它越來越遠，越來越小，直到看不到。從那以後，每次去火葬場，我都想看到它，我四下看，還有幾次跑到火葬場外面的蘆葦地裡，大聲喊它的名字：「陽光……陽光……」

可我再也沒有見過陽光。

她睡覺的那邊都是空的。

人呢？

就算再瘦，那也是我媳婦，身子也是熱的，睡我旁邊，是熱的……

# 當愛已成往事

你們相信嗎？這年頭還有人有飯不吃，把自己餓死的。不是自殺，是厭食症。聽說過嗎？我以前也是聽說有這個病，但我不知道厭食症這麼厲害，真能把一個好端端的大活人，活活給餓死。

這個餓死的人從前是個模特，從遺像看，是個非常好看的姑娘，就是走過去，能讓很多男人回頭的那種好看。但是看她的屍體可就是另外一個人啦。全是骨頭，皮包著骨頭，真是皮包骨。骷髏甚麼樣她就甚麼樣。我看著都覺得嚇人，你說那得要多嚇人。

你們是沒有親眼看到死者，好像是從納粹集中營跑出來的，或者是來自非洲大饑荒的難民。真可憐，比癌症病人還可憐。把我請去的是姑娘的男朋友。他看著還好，雖然也瘦但是身體最起碼有肉。

我問他：「你也有這個病嗎？」

他搖了搖頭說：「我沒有，我瘦是在醫院照顧她熬的。其實婷婷也想著能治好，她還說治好了，我們就結婚，生小孩兒。但是她最後已經是吃甚麼吐甚麼，甚麼也不能吃了。厭食症是病，她不是自殺的。」

「那這個病是怎麼得的呢？不會和癌症一樣，自己也不知道就得了嗎？」我知道，我不該問的，但求知慾真是不好控制。

「是自己得的。她從前不是模特嗎？有一陣兒胖了二十斤，她的同事都嘲笑她，模特也不能做了。後來她吃完東西就用手摳嗓子眼，全都吐出來，慢慢地看見甚麼都不想吃，吃了也吐出來。關鍵是她不吃東西也不會感覺餓了。」

姑娘是成都人，男朋友是天津人，兩個人相戀了八年。八年的時間也不短了，我勸他說：「你也別難過了！你要多吃一點。」

他平靜地說：「我已經不知道難過了，久病床前無孝子，照顧婷婷的時間太長了，每天都難過，難過早就成習慣了。所以看到她死了，也覺得對於她是好的。至少她不再吐不再難受。死對於她是救了她。」我以為他吸煙，給他一根，他搖頭繼續說：「她總說，要麼瘦要麼死，最後她把微信的名字都改成：我是個罪飯。飯是吃飯的飯。」他掏出手機說：「我還不知道怎麼和婷婷的父母說。她是因為我才來的天津，我覺得特對不起他們，如果不來天津或許婷婷不會死。其實沒有幾個人知道，婷婷胖是因為有一次她意外懷孕，我怕她影響身體，每天都給她吃好吃的，喝骨頭湯甚麼的，她才胖的……」說到這兒，他苦笑了一下，然後哭了。

他低著頭突然問我：「大哥，你信命嗎？」

我點了點頭。

他把兩隻手插在口袋裡：「我和婷婷是網上認識的。她家的父母不同意我們在一起，婷婷是和父母斷絕關係和我在一起的，本來想結婚的，但天津的房價一直漲，我們連首付的錢都不夠，租房子我又覺得對不起她，所以才沒有辦婚禮，我們其實是有結婚證的，我們算是合法夫妻。可如果我通知了她父母，他們就會把婷婷的骨灰帶走，也不會認我這個女婿的。」

他還是通知了婷婷的父母，兩位老人從成都飛了過來。當他們看到女兒的屍體時，婷婷的媽媽一下子暈死過去，還好是在醫院，搶救及時。我看到醒過來的婷婷的老母親，一睜開眼，就把輸液拔了，向著他走去，狠狠打了他一個耳光，然後不停地捶打他的臉和胸，大聲地叫：「你看你把我的婷婷都折磨成甚麼樣子了？你就是個殺人犯！我要去警察局告你！你這個殺人犯！你是不是給我們婷婷吸毒了？我要讓警察來抓你，你這個魔鬼，你把我的婷婷還給我！我就這一個女兒，一個女兒啊……」

他被老人打著不說話不解釋也不還手，我上前去勸，他還輕輕地推開我。老人打累了，倒在了地上，他跪下說：「對不起，阿姨，我沒有照顧好婷婷，您打我吧……對不起……」

老人這才大哭起來，被我們幾個人架到了病床上。他還跪在地上，我過去把他扶起來，看到他的臉上印著一個紅色的手印。我把他拉出病房，他輕輕地說了一句：「如果婷婷是我的女兒，我可能比他們更生氣，也不能原諒……」

婷婷的老父親，一直安靜著，幾乎沒有說一句話。一看就知道老人是個很內向的男人。但人老了就容易哭，不論是男人還是女人，到老了都成了一種人，就是老人。我覺得老人是沒有性別的。

這個老人也是一樣，他會哭，低著頭，沒有任何聲音，就是流眼淚。然後輕輕地用手從上往下摸一下臉，眼淚就都不見了。他不和那些大哭大鬧的哭喪一樣，那都是哭給人看的，他哭是他真的難受難過，哭女兒也是哭他自己命不好，老年喪女。

至親的人去世如果不哭，我覺得是很危險的，有可能是瘋的前兆，甚至有可能自殺。這是我做大了的職業經驗。大了雖然是為死人服務，但最終面對的還是活人，這些活人可都是死人的家屬，一群正在悲傷的人們。人死了正常的反應就是流眼淚，好像拿刀子把手劃個口子，就會流血，是一樣的道理。

正如婷婷的丈夫預料的，婷婷的骨灰被她父母拿走了。那天晚上他請我喝酒，喝醉了老大聲地問我：「哥兒，你說我是不是在做夢？你打我一下，看我能不能醒？」

我輕輕地打了他肩膀一下，他臉上笑著眼裡卻往下流眼淚，依舊大聲地說：「婷婷走了，跟從來沒有和我在一起過一樣，我找不到她了，婷婷和我徹底失聯了。晚上我睡覺醒了一摸旁邊枕頭是空的。你知道嗎？哥！是空的！她睡覺的那邊都是空的。人呢？就算再瘦，那也是我媳婦，身子也是熱的，睡我旁邊，是熱的……你知道嗎？」旁邊吃飯的人都看著我們，我不管就讓他說痛快：「昨天晚上我給婷婷的手機打電話，手機通了，還是那首彩鈴，操！是我認識她的時候，我用的網名，當愛已成往事……」

**我願意**娶劉靜為我的妻子。

這一生只愛她一個人。

**不管她疾病還是去世……**

# 太平間的婚禮

前幾天有個姑娘是在醫院去世的，喝硫酸搶救無效。當時我就覺得很奇怪，她的父母不希望把她帶回家辦喪事，只是在家裡擺上她的照片和鮮花。奇怪的現象背後一定有個不奇怪的原因。她父母請我去，也說得很清楚：不燒紙、不磕頭，只接受鞠躬、花圈花籃，也沒有人戴孝，不送路，不許大哭大鬧。屋子裡要放著鋼琴曲，因為姑娘是個鋼琴老師。

參加葬禮的人好像是參加一場音樂會，輕聲説話，無人吸煙。我都很奇怪，請我做甚麼呢？我正無聊的時候，有個姑娘遞給我一張紙條，讓我給這個號碼打電話，搞得跟諜戰片一樣。原來這個號碼是死去姑娘男朋友的電話，説葬禮還有一些細節要和我商量。

擺在桌子中央姑娘的照片是黑白的。姑娘看上去很文靜，笑起來有兩個酒窩，眼睛很大也很亮，是一個漂亮的姑娘。我來到約定的地點，看到來的小伙子和姑娘很相配。

「我知道，您是曉靜的大了。我想和您商量一下，能不能給我們在太平間辦個婚禮。這件事情，不要告訴曉靜的父母。她父母一直不同意我們在一起，當然我的父母也不同意。昨天她和父母大吵了一回，就喝了硫酸。我不是怕死，我不能和她一樣不珍惜生命。但我這一輩子，不會再愛上任何一個女人了。就算曉靜走了，我還是要娶她。既然她父母不讓她回家，我可以請您幫我一起給曉靜穿上婚紗。我有幾個朋友，我們想在太平間舉行婚禮。」他說得很平靜。

「我聽明白了。但這個事情，要去和醫院商量，太平間不是隨便進出的地方。再說，好像姑娘父母已經給她換好了衣服，醫院也登記過，只等著火化車接走。如果不經過死者親屬好像很難，不過也不是沒有辦法。火化那天，你趕在火化車來之前，是可以的，我們可以早點兒去。」大了就要大大幫助人了卻生死，不只是死人，活人才是更重要的。

我記得那天早晨下起了雨。我和那個小伙子還有幾個年輕人，提前來到太平間裡。因為醫院的人都認識我，也沒有懷疑。他帶來一件白色的婚紗，自己則穿著新郎的西裝。來不及換也不可能換上婚紗，我把婚紗放在了姑娘的身上，把一束鮮花放在她的胸前，白色的百合紅色的玫瑰。雪白的婚紗，雪白冰冷的姑娘。

小伙子對著在場的所有人說：「我願意娶劉靜為我的妻子。這一生只愛她一個人。不管她疾病還是去世……」旁邊有人舉著攝像機拍攝著。有輕輕哭泣的聲音。然後他繼續說：「下面新郎可以親吻自己的新娘了。」他走過去，跪下來，輕輕地親吻了姑娘冰一般的嘴唇。我看不了這個，跑到外面大口地吸煙。就想這個喝下硫酸的姑娘，用死的方式能解決甚麼問題呢？從小到大做大了，每年都有好幾個年輕人甚至學生選擇自殺。我真想讓他們活過來，和我去看看那些多麼想活下去卻因為疾病因為衰老因為意外而無可奈何離開的人。幹嘛要用死來解決活的問題？有時我真是不明白。真想問問姑娘：「硫酸甚麼味兒？好喝嗎？」

有個孩子叫齊鵬飛，他想要一部手機，不是為了上網不是為了玩遊戲，他只是想給他的奶奶打個電話。

# 對不起，買不起

我有幾次做白事是免費的，不是人家不給我錢，是我主動不要的。每個免費的白事都讓我難以忘記，要說的這一次也是。

去世的是一個小男孩，名字我都還記得，叫齊鵬飛，是一個外地的孩子，父母在天津打工，他在天津上學。我記得是剛過完春節，大年初五，已經初春的季節，那幾天的天氣都很好。幾個小男孩穿著新衣服，在結冰的河上玩，他們不知道冰已經開始融化，一個孩子掉進河裡，鵬飛為了救那個孩子，自己沒有上來。過了年才十一歲。

被救的那個孩子是我表哥家的小孩兒，所以表哥叫我去給鵬飛做白事。鵬飛的父母在一個工地上工作，也住在工地。如果不是鵬飛，死的可能就是表哥的兒子，為了表示感謝，表弟把鵬飛接到了家裡，白事在表弟家裡做。

鵬飛的媽媽人很瘦，雖然是冬天，卻只穿了一件很薄的咖啡色外套。她不說話，只是坐在表哥家的沙發上哭，手裡拿著一塊嶄新的毛巾擦眼淚，不擦眼淚的時候，兩隻手使勁地擰著毛巾。鵬飛的爸爸也不愛說話，他喜歡蹲著，幾次請他坐下，他都拒絕。他不僅很瘦還很黑，手指關節粗大，手指甲裡都是泥，我看得那麼清楚，是因為他總是用兩隻手把臉捂住，然後再兩隻手突然分開，一臉的眼淚就都不見了。

鵬飛活著的時候應該是個愛說愛笑的孩子，虎頭虎腦的，可惜我看不到他的眼睛，更不能看到他的笑了。但我看著孩子，我能感覺到，這是個健康活潑的男孩。

因為內疚，表哥給鵬飛買了最好可能也是最貴的衣服，也許是鵬飛活著的時候穿不起的。說真話，我最不喜歡給孩子做白事，每次做完，我好幾天睡不好，心裡總是很難過。鵬飛父母的幾個工友來了，給他們送來了一樣東西，就是這樣東西，讓鵬飛的媽媽大哭了起來。

工友送來的不是花圈而是一個手機，鵬飛的媽媽一看到手機，突然間人就失去了控制，一邊哭一邊狠狠地搖頭，她可能太痛苦了，直接坐在了地上，鵬飛爸爸也走過去，夫妻兩個人坐在地上抱頭痛哭起來。幾個工友傻站在旁邊，也跟著哭。

手機？為甚麼一個手機，讓孩子的父母這樣傷心呢？我悄悄喊出一個工友，問他：「你們為甚麼不送花圈，送一個手機呢？」

那人回答我說：「你不知道？小飛一直就想有個手機，他說同學都有手機就他沒有，找他爹媽要，他媽媽說把回家的車票錢省下來給孩子買手機，他們一家三口今年才沒有回老家過年。本來孩子開心壞了，讓我們跟著一塊去買，說不要貴的，能打電話就行，說有了電話就可以跟家裡的奶奶打電話了。小飛這個孩子以前一直都是跟著奶奶生活，他不願意來天津，說不放心奶奶一人在家，很想奶奶。還說讓我們每個人都給家裡打個電話。本來都說好了的。孩子自己去小超市都看了好幾遍了……已經說好過幾天就去買的，可這孩子到死也沒有等到，如果不是因為手機，他們今年就回家過年，小飛可能也不會死……」

這個人說完，歎口氣進屋了。

鵬飛的父母被幾個工友攙扶著，來到死去的孩子跟前，孩子的媽媽說：「小飛啊……小飛，手機給你買回來了，你看看是不是你選的那個啊？挺好……挺好看的……剛我和你爸爸商量了，最後和你的衣服一起給你燒了，你在那邊就可以用了，就可以用它給我們打電話了。孩子……對不起……對不起，都是因為我們不好，我們買不起！對不起……我們買不起……小飛啊，對不起。」

鵬飛的爸爸看著孩子的壽衣哭

著說：「我們小飛穿新衣服多好看啊……可惜爸爸沒有錢，你活著沒有讓你穿上這樣好看的衣服。」

他們說完，哭著把手機輕輕放在鵬飛頭邊，又站在孩子身邊看了好久，才被工友攙扶回到沙發上。表哥和表嫂也聽到了，他們領著孩子來到鵬飛的父母身邊，先讓孩子給他們跪下，表哥說：「謝謝你家孩子救了我家的孩子，從今天起這個孩子就是你們的兒子，我們家也是你們的家。這張卡你們拿著，裡面的錢是感謝孩子的，感謝他的救命之恩。」

鵬飛的媽媽擦乾了眼淚說：「孩子快起來。你可別這麼說，小飛這樣做是對的，雖然他死了，但孩子沒給我們丟臉。錢我們不要，你拿回去。我們雖然窮，但我們不要這錢！你這錢算啥，買我孩子的命嗎？」

第二天的下午，工友們又來了，這次和他們一起來的還有一個白髮老奶奶，我一看就想到，是鵬飛的奶奶來了。

奶奶被鵬飛的爸爸媽媽一邊一個地攙扶著，站在孩子旁邊。我輕輕地讓孩子的臉露出來，孩子已經去世快四十個小時，整張臉已經變得有些僵硬。老奶奶看了又看，還是不相信地問：「這是小飛嗎？是奶奶的小飛飛嗎？怎麼長這麼高了……」她轉過臉問鵬飛的爸爸：「這是咱家小飛嗎？」爸爸哭著點了點頭：「媽，這是小飛啊，他長高了，快長成大小伙子了。」

奶奶伸手摸了摸孩子的頭：「小飛啊……你可想死奶奶嘍……奶奶夜裡總夢見你啊，夢見你跟我說，奶奶我想你！可我一睜開眼啊，你就不見了。現在奶奶睜著眼呢，你還是不見了……那是奶奶先要去的地方，你這個小娃娃，怎麼就先去了呢？奶奶錯了，就不該讓你離開我！我知道你不願意走，是我害了你啊……」

鵬飛的媽媽攙扶著老人，哭著說：「媽！您別這樣說，是我們不好，我們不該讓孩子離開您，是我們錯了。」

他們家三口人始終沒有抱怨過一句，只是靜靜地接受著這個事實。鵬飛的爸爸還對我說：「這位師傅，謝謝你照顧小飛。」我的腦海裡始終忘不了，鵬飛的爸爸手捧著孩子的骨灰盒走在前面，鵬飛的媽媽攙著奶奶走在後面的情景。

他們接受殘酷現實的能力讓我害怕。我總想起這個場景，怎麼忘都忘不掉。不知道為甚麼，我只要看到十歲左右的孩子拿著手機，我就會想起，有個孩子叫齊鵬飛，他想要一部手機，不是為了上網不是為了玩遊戲，他只是想給他的奶奶打個電話。

我想像著他們喝下農藥以後，會不會對彼此笑了一下？

我說不清楚人們在婚禮上是甚麼樣，但大多數人在白事上是甚麼樣，我是太清楚了。首先是慌張，不知所措，嚴重點的語無倫次，甚至是有點歇斯底裡，一部分的人急躁，一部分的人又相反，沉默著。雖然都是難過悲傷，卻有相反的兩種表現。但不管是哪一種，都對我和他們溝通白事要怎麼做造成了困難。

這只是一般白事中人們的正常反應，但也有很特殊的情況，那些人都讓我記憶深刻。那種感覺好像是記憶裡有一本相冊，我給他們拍了照片，放進去，有時會翻開看看，有時照片自己閃出來讓我看到。不知道是不是每個人都會這樣？我沒有問過別人，怕人家以為我精神有問題。

在我的白事特殊記憶相冊裡，一個兒子和他的母親應該能排到相冊的第一頁。每當我在馬路上或是飯店甚至是電視劇裡，看到一位老人推著一位年輕人，就會不自覺地想起他們。

現在有手機就是方便，誰家死了人，打一個電話，我就去了。給我打電話的是個大娘，只是說了個地址，是一家醫院。我到了醫院病房，一看病人是大娘的兒子。我不是大夫是大了，憑我大了的經驗，我覺得大娘的兒子是個病人，根本不是甚麼快要死的人，覺得可能是大娘和我開了一個玩笑。

我剛要走，大娘就把我叫到了病房外面很小聲地對我說：「師傅，和你說實話，這個孩子五歲的時候自己過馬路出了車禍，兩條腿沒有了。孩子的爸爸打那以後就消失了，到現在也沒有任何消息。現在他的尿毒症越來越嚴重，而我兩個月前也被醫院診斷出了癌症。我們現在靠吃低保生活……」大娘說的時候，好像是說別人的事情，很平靜，這讓我多少有點吃驚，是不是越是經歷過災難的人越是平靜呢？

大娘看著我繼續說：「這本來應該是我們家的問題，但我聽說，你給一家低保的家裡辦白事的時候沒有收錢，有這樣的事兒嗎？今天請您過來，一是讓你看看我們家的情況，另一個是也想問問你，如果我或者是我兒子死了，你能不能不要錢給我辦白事？或是少要點錢，我想和你談好，如果要錢你要多少錢？」

我想了一下對大娘說：「您別太悲觀，我看您和您兒子都沒有問題，就算您剛才說的，真的有那麼一天，您就沒有一個親人或者朋友可以託付這樣的事情嗎？畢竟這可是個大事。我是個大了，給人辦白事是我的工作，我們也才剛剛認識，您也太信任我了吧？」

大娘聽我說完，依舊平靜沒有表情地說：「我有親人，雖然朋友少，但也有幾個，我就是不想讓他們知道。我這一輩子就是這樣，自己可以做好的事情，從來不麻煩別人。一會兒我們打算出院回家，你既然來了，正好和我們一起回家，也認認門……」

聽大娘說完，我總覺得哪裡不對，但也說不出來具體不對的地方。大娘的這一生真夠慘的，以後誰再和我說他命不好甚麼的，我一定要給他說說大娘的事兒。

我看著大娘，覺得她一點也沒有抱怨或者覺得自己可憐，我看到的只是平靜，看著大娘的眼睛，嗯，就好像看著一片平靜的大海一樣。不恐懼，不慌不忙。就算絕症和死亡都沒有讓她顯出一點的難過害怕來，真了不起。可能只有經歷過大生死大災難的人才會這樣吧，一直生活在幸福中的人們，會因為劃破個小口子，流兩滴血，然後向全世界哭天喊地：我的命怎麼這麼苦啊？

我把大娘和他的兒子送回家。原來天津還有這樣的地方，那是個很破很破的平房，大娘一進門就對兒子說：「終於可以回家了！還是回家好，一會兒媽給你做飯，你先躺下歇會。」

大娘說的時候，好像他們回到了宮殿。這個宮殿很黑很破只有兩張單人床、一張桌子、一把椅子、一個櫃子，還有已經很少見到的一個小爐子。但我卻覺得很溫暖。可能是因為有大娘在，有媽媽在，有愛在，所以才會有這樣的感覺。

那天我也在大娘家吃的飯，是我從來沒有吃過的疙瘩湯，就是一個一個的麵疙瘩用水煮了放上鹽。我吃得很香，吃著吃著，我看大娘不吃，問她：「您怎麼不吃啊？是不是沒有了？」

大娘笑了笑，一臉的疼愛：「有，鍋裡有的是……你們先吃，我累了歇會，我喜歡看著你們吃。」

很少說話的兒子，也笑了笑對我說：「你多吃點，鍋裡確實還有很多，我媽一做就是一天的飯，她不吃是因為……我們家就兩個碗。」

說完，他們兩個人看著對方，都淡淡地笑著。這個畫面，我忘不了。

幾天以後，我接到民警的電話，說讓我過去一下，是大娘家的地址。我很少心慌，但掛了電話，心就有點跳得比平時快。

到了大娘家，民警看我的身份證、核實了我的職業以後，遞給我一張紙。說實話，我相當意外，我和他們幾天前才認識，但在他們離開這個世界，選擇自殺前，卻是給我寫了遺書。

一張紙，很小，只有巴掌那麼大。上面寫著：

大了師傅，我們娘倆回家了。我們離開誰都活不了，所以一起走了。謝謝你答應我的要求。請收下這十五元，這是我們所有的錢，別嫌少。謝謝你，你是個好人一定會有好報。

紙條的旁邊是我的電話號碼。

回家。他們回家了。視死如歸的一對母子。我看著紙條，想起幾天前，我和他們一起吃疙瘩湯的情景，眼前的字跡瞬間就模糊了。

他們躺在各自的單人床上，蓋著被子，兩個人的表情還是那樣，淡淡的平靜。我想像著他們喝下農藥以後，會不會對彼此笑了一下？

或許眼淚早就被他們哭乾了，留給彼此的只有淡淡的笑。

我對著他們說：「好，回家，我送你們回家。」

有時我回到家，覺得她們娘倆還活著。我只有走在人群中，才發現她們是真的不見了……

# 走在人群中才發現

有朋友問我：「你每天都看到死人，是不是就不知道甚麼是傷心了？」

我想了一下回答他：「每天看見死人和傷心不傷心，沒有關係吧？看到死人多了會不知道害怕屍體，但不傷心我還沒有修行到那個境界，就算我可以做到，那成甚麼了？還是人嗎？我說，你這罵人也太有水平了啦！好麼，差點把我帶溝裡去（指被誤導——編者註）。」

是的！我傷心，有時在白事上，看到我根本不認識的人，看到他們遇到的不幸的倒霉的事兒，看見他們傷心難過的樣子，就好像有一雙看不見的大手，死死地掐著我的脖子，喘不上氣來，那感覺就和明明知道自己在做噩夢卻怎麼也醒不過來一樣。玩命地掙扎卻無能為力。

有一次我看電視，看到主持人採訪一個精神病醫院的大夫，我記得他說：「永遠不要帶著你的感情去工作，否則，你很快也會成為一個瘋子。」他說完，我就想到了我的工作，不帶著感情去工作？這可能是做大了必須要做到的吧，就和工人師傅上班要穿工作服一樣。我不知道別的大了怎麼樣，但是，我告訴你們，我根本做不到，我寧可心裡難受也不願意變成一個大了機器人。

可能因為我這樣，所以我就活該難受。我不是故意賣關子甚麼的，真的都不想說了，其實都不想再想。因為每想每說一次，都會讓我自己再難受一次。

有一個孕婦還有一個月就可以看見她肚子裡的寶寶了，有一天中午，她要過一條馬路。為了孩子，她可能做任何事情都比平時小心，但當綠燈時，她走到馬路中間，一輛車飛快地開過來，從她的身上開了過去。馬路才走了一半，可她和她的孩子的一生就走完了。

我是個男人，當我知道這件事情以後，第一個想到的人就是這個孕婦的丈夫，換作是我，天啊！不敢想像！當我看到他的時候，他和我想像中差不多，整個人是傻的，甚至比我想得還嚴重。

他坐在床上，用兩個胳膊抱著雙腿，把頭埋在兩條腿上，穿著鞋，身子來回前後晃。我看不到他的臉，可以聽到他在說話，但說的甚麼聽不清。

他身邊站著幾個人，就那麼看著他，誰也不說話，我把一個人拉到外面問：「這樣的情況有多長時間了？」

那個人說：「從醫院回來就一直這樣。誰也不能過去說話，一說話他就不停地求我們，給我們磕頭求我們，所以現在誰也不敢再說話了。」

我問：「求你們？求你們甚麼？」

那個人想說但眼圈紅了，平靜了半天才說：「他說，這是真的嗎？他們是不是弄錯了？要不讓我再看一次？這不可能，一定是看錯了，不可能是小麗！我求求你們，我給你們磕頭，讓我再看一次！這不是真的，我看錯啦！」

孕婦很年輕。寶寶是個女孩，這是後來我聽大夫說的。孕婦褲子上全是血，其實血倒沒有讓我難受，當我看到她的上衣，我能明顯地感覺到心開始發冷，然後感覺手和腳都冷。她穿的是一件白色上衣，上衣上的血不多，我一眼就看到了上衣上有一道汽車輪胎的印子……

我不認識她，從來沒有見過。但在她死後，卻那麼真實地躺在我面前，好像我們是朋友，相互很信任的朋友，她把她的最後交到我手上。那些血都乾了，乾在褲子上，她的手上，甚至是臉上頭髮上。

我滿腦子亂想，根本停不下來：一個人到底有多少血可以這樣流？還有一個月就可以見到這個世界的嬰兒，她去了哪裡呢？我想她離開她媽媽身體的時候，一定還是暖的吧？

不動感情，怎麼可能？

我回到死者家的時候，雖然來了很多人，但和沒有人的空房子一樣，沒有人哭也沒有人說話。這讓我覺得很奇怪。我進到屋子裡，發現每個人都用緊張害怕的眼神看著我，讓我感覺一定發生過甚麼事情。

我發現屋子裡有三位老奶奶，還有幾個女人，都默默地流著眼淚，沒有一個人發出哭的聲音。

請我去的人是孕婦家的一個親戚，他請我到門外。

他說：「師傅和您商量個事情，靈堂甚麼的現在都不能擺。」

我更好奇了：「怎麼了？」

他深深的歎口氣說：「姐夫他

不讓哭，說他看錯了，說弄錯了！誰哭他就跟誰鬧，跟誰叫嚷，嚇得沒有人敢說話。您看這怎麼辦啊？」

「他不是不相信，他是不想相信。要不，就再讓他看一次吧，讓他看清楚了。也好。你們先找個大夫給他打一針或是吃點鎮靜的藥，看看情況，如果情緒比現在好點，我就帶著他去，讓他再看一次。」

我對死者的丈夫說：「我是大了，你如果還想去再看一次，可以！我陪你去。但是你不能鬧，人家那是醫院，你要配合我，你知道嗎？我現在說話你必須聽！然後我跟你去，讓你再看一次。你聽清楚了嗎？」

他甚麼也不說，握著我的手，衝著我一個勁兒地點頭，看著我的眼神像是一個孩子走丟了找不到家似的慌張。

可到了醫院太平間的門口，意想不到的事情發生了。

剛進醫院，他就走得很慢，我們走兩步就要等著他。終於走到了太平間門口，他一下子坐到了地上，跟一個喝醉的人一樣，耷拉著腦袋癱坐在地上，嚇我們所有人一跳。我以為他是害怕，蹲下問他：「你不是一直要再看一次嗎？那我們就再看一次。起來！我扶著你！」

他抬起頭，那雙眼睛都是血絲並充滿了眼淚，眼淚很快掉了下來，他輕輕地說：「我不敢……我不敢看小麗。」然後他又很慢地點頭，很慢地對我說：「小麗全身都是血，你知道嗎？全都是血，我不敢看小麗的臉……那是我親過的臉，我老婆的臉……我疼！」他捂著心的位置說：「我疼，我這兒疼……我疼啊……」

他坐在地上，和一個潑婦一樣，捂著心大聲地哭。

這個白事過去以後大概有一年多的時間，有次我吃飯的時候，在一家餐廳遇到了他。

他問我：「你還當大了呢？」

我說：「是啊，還當大了。」

然後我們站著誰都不說話，過了一分鐘後，他看著餐廳裡的一盆綠色盆景，輕輕地說：「你知道嗎？有時我回到家，覺得她們娘倆還活著。我只有走在人群中，才發現她們是真的不見了……」

說完，我看見他的眼淚又掉了下來。

說實話，
我不喜歡聽到自殺孩子父母的哭喊聲，
這個世界沒有賣後悔藥的，
就算有，
他們買了回去還是會和從前一樣，
只不過是又來了一遍。

# 也是為了你好

在我上初二的時候，每天放學和我一起走回家的同學，在一天我們要說「明天見」的時候，很奇怪地問我：「你們家是怎麼處理死人的？如果明天我死了，可不可以讓你們家來處理我？」

我記得我聽完就大笑起來，說：「你神經病啊？你好好的，死甚麼死？」

他踢著地上的一塊小石頭說：「我想把這條命還給我父母，我不想要這條他們給我的命。」

我不笑了問：「為甚麼啊？」

他平靜的說：「沒有自由。我在他們眼裡連狗都不如，就是學習的機器，我學習成績好了，他們才在同事朋友面前有面子。」

我說：「你是不是想太多了？他們也是為了我們好。別甚麼一不好了，就想到死。有甚麼問題就解決，要不我跟你一起和他們好好談談？這和死有甚麼關係？你別總瞎想行不行？」

他點了點頭，我拍了拍他肩膀說了句：「好了。明天見！」

明天我再也沒有見到他。淩晨他從他家的窗戶跳了下去。五樓，當場就死了。

從那兒以後的一年多時間，我自己走回家，總在路上想起他，想他最後和我說的話，尤其是那句：「沒有自由。我在他們眼裡連狗都不如，就是學習的機器……」回想起來，當時他是嚇到我了。

二零一一年十二月的一天，剛下過一場大雪的早晨，一個男孩兒從二十一樓跳了下去。那是他家的樓頂，後來我聽鄰居說：「二十一層樓頂上的雪，只有一行腳印，是跳樓的孩子留下來的，看腳印他是一點也沒有猶豫。」

男孩兒跳樓的那天是星期一，早晨背著書包出了家門，沒有去學校，而是上了天堂。

他家的親戚請我去的時候，男孩兒已經被醫院的救護車拉走，地上的血還在，很多血。尤其在剛剛下完雪的地上，顯得更紅了。在男孩兒書桌的抽屜裡留有一封遺書。我進屋，男孩兒的媽媽被一群女人圍著，哭著不停地說：「昨天我們還一起去買過年的衣服，他要一雙新球鞋，也買了。我說要給他買件保暖內衣，他說不喜歡。買完了我們一起吃的麥當勞。晚上他洗澡……一點也看不出來，甚麼也沒有說，怎麼……就跳樓了呢？」

圍著她的人都在勸她，越勸她哭得越難過：「小凱啊……你為甚麼要這樣做啊？到底因為甚麼啊？是因為我們逼著你學習嗎？每個做父母的不都是那樣嗎？我不都是為了你好嗎？你只有學習好了，長大了才能有出路啊……」

我不知道遺書上寫了甚麼，我也不想知道。這個叫小凱的男孩，讓我想起了我的那個同學，他們在我看來，其實是一個人。

當年我同學的屍體是我爸處理的。我記得我下午放學回來，他正坐在一把椅子上抽煙，我問他：「爸，我那個同學怎麼樣了？」

他半天才說：「死了，就那樣兒，還能怎麼樣？」然後他用很奇怪的眼神看著我說：「你心裡以後有甚麼不痛快的，你就跟我說，別自己想不開。」

我吃驚地看著他：「爸，你想甚麼了？我不會的！我心裡沒有甚麼不痛快的，真，真沒有！如果有，我一定和你說，行了吧？」

當時我還不理解，為甚麼我爸爸那麼說，當我看見小凱的屍體時，我有點明白了。

我的同學是從五層樓跳下來的，而我眼前的這個孩子是從二十一樓。你不能想像，你最好也別想像了。十八歲的臉，從屍體已經看不出來年齡，只能從皮膚上看出。小凱正面著地的，摔在地上的時候，趴著。看著這張已經完全模糊成一團的臉，沒有五官，甚至頭也變了形狀，不再是圓形。我看了他很久，好像是看著我記憶裡的同學。

耳邊又響起那句話：「沒有自由。我在他們眼裡連狗都不如，就是學習的機器，我學習成績好了，他們才在同事朋友面前有面子……」

說實話，我不喜歡聽到自殺孩子父母的哭喊聲，這個世界沒有賣後悔藥的，就算有，他們買了回去還是會和從前一樣，只不過是又來了一遍。可偏偏孩子自殺的父母，都覺得自己委屈得要命，幾乎都會說同一句話：「我們也是為了你好」。我辦的這樣的白事，無一例外，我就奇了怪了，嘛叫「我們也是為了你好」？這句話成了謎語，我想我一輩子也不可能猜得出答案。

小凱的媽媽哭得最委屈，看得出來她是疼愛孩子的，當我再看見她的時候，她老了很多，頭髮披散著，和精神病院裡的瘋子也差不了多少，不哭不說話，不說話不哭，只要開口就是哭：「小凱啊……我的兒子啊……」

小凱的爸爸我沒有看到，聽說是來打了小凱媽媽兩個耳光就走了，他們本來就已經離婚很多年。兩個人在離婚的時候都想要孩子，一直打官司，最後小凱跟了媽媽一起生活。

有時我總想，這個世界如果沒有恨只有愛該多好？那結婚有了孩子的父母就不會離婚了吧？不知道是這個世界有問題呢？還是我們人有問題？反正只要是人活著，就會有傷，有傷心。

小凱的臉就算請神仙也不可能做得和原來一樣，偏偏小凱的媽媽還一定要參加孩子的追悼會，她看了一眼就立刻昏死過去，很多人又慌了神似地搶救她。

我站在角落裡，安靜地看著。大家一個一個從大門進來，開完追悼會，又一個一個從進來的那個門出去。我看著大家進來，又看著大家出去，不同的人但又好像是相同的人。或許生死也是這樣，生死只是同一個門，所有的生命都一樣。不同又都相同。

一個繼母，把和自己沒有一點血緣關係的三個孩子，一照顧就是一輩子。

# 淚光裡的媽媽

曾經聽過一個故事。有一個人要投胎來人間，送他來的神仙對他說：「你去吧，現在人間就有一個人在等待著你的出生，她會是你的保護神。她會一直保護你，直到她離開人間。」

是的，這個保護神，就是媽媽。我給太多的媽媽辦過白事，印象最深的是一個兒子哭喊著說：「我以後就是個沒有媽媽的人了……」今天就給你們講講這家的白事，這個去世的媽媽。

去世的老太太八十多歲，有三個孩子，兩個女兒一個兒子。和每個媽媽去世一樣，孩子們哭得都很傷心。白事辦多了，真哭假哭，我一眼就能看出來，眼那是相當的毒了。有的父母去世以後，孩子也傷心地哭，只是在哭的時候傷心，哭完以後就像演完電影的演員，剛剛的哭不過是一場哭戲表演，眼淚還沒有乾，人已經站起來，去忙他自己的事情去了。

這家的三個孩子，都已經不小了，最小的兒子也五十多歲了。開始我也以為這幾個孩子雖傷心難過，哭幾分鐘也就算了。畢竟這樣的情況我見過了，都差不多。傷心肯定傷心，哪有自己父母去世不傷心難過的？但自己都一把年紀了，也知道父母的年歲算是高壽，人死了，哭幾聲解解心疼，也就是這個意思了。

可死者的三個孩子，他們讓我特別意外，他們幾乎就是跪在老人的遺體前，不停地哭，尤其是那個兒子，我很少見到一個中年男人能哭得那麼傷心。他哭著哭著把身子跪得很直，然後輕輕地掀起老人頭上的蒙臉布，看一會兒，和老人說話，好像有說不完的話兒。我知道我應該阻止他這樣做，但不知道為甚麼，我就是做不到，我的身體不聽我腦子的。只能靜靜地站在他的身後，看著……

他看著老人的臉，哭著都喘不上氣來：「媽，我爸死得早，你帶著我們三個……不容易……從小我就不聽話，老師都對我絕望了，所有人都覺得我不好……媽，只有你，從來不嫌棄我，不管我闖了多大的禍，你都笑著對我說，『媽知道你不是個壞孩子。』媽你知道嗎？每次我聽到你說這句話，我就想哭。小時候有一次很多同學打我，我都沒掉一滴眼淚，媽，可我一看見你，不知道怎麼了就哭了。我還記得，你抱著我的頭，輕輕地拍著我的背……媽，如果不是你，我不會是現在這個樣兒，我可能早進監獄了。

「媽，還有兩天，你就永遠地離開我們了……還記得我們小時候，只要你下班，我們三個人就圍在你身邊，聽你說話聽你給我們唱歌，睡覺前聽你給我們講故事。媽，我們都睡在一張大炕上，你拍著我，我才能睡著。那個時候，我就在心裡求所有的神仙，不要把媽媽也帶走，不要像帶走爸爸那樣，再把媽媽帶走。小時候，每天晚上，我都求一遍，才睡覺。媽，你活著的時候，我都沒有告訴過你這些……還有兩天，兩天時間，媽，我就再也看不見你了……你也再不能等著我下班，我再也不能，回到家打開大門對著屋子喊你，『媽！我回來了！』媽……我以後就是個……沒有媽媽的人了……」

他哭累了，跪在地上燒燒紙，一摞燒紙不久就被他燒沒了。吃飯的時候，很多人都勸他起來吃一口，他都輕輕地搖頭。

我悄悄地問他的一個姐姐：「為甚麼你弟弟會這麼傷心呢？我很少看到兒子哭父母，哭得這麼難過。」

她擦著眼淚和我說：「你不知道，我弟弟出生的時候，我媽就難產死了，大概過了兩年，我爸又找了現在的媽媽，可他們結婚不到一年，我爸生病也走了。從那以後，媽媽就一直帶著我們三個孩子，比親媽媽對我們還好。尤其我弟，從小就不聽話，總是打架，媽媽從來不打不罵，總是鼓勵他，慢慢地他就變好了，也知道學習啦，現在還當上了老師。」

聽了她的話，我很吃驚。本來沒有特別注意過這個死去的老人，突然覺得在老人瘦小的身體裡，居然藏了那麼多的好東西，有偉大的母愛，有樂觀的精神，還有忍耐寬容。一個繼母，把和自己沒有一點血緣關係的三個孩子，一照顧就是一輩子。

我繼續問：「那去世的這個老人，自己有孩子嗎？」

她搖搖頭：「沒有，她就是因為不能生小孩子才離婚的，但是媽媽又很喜歡孩子，看到我們沒有人照顧，她心疼我們，才和我爸結婚的。媽媽從前和爸爸在一起上班。開始我們也不喜歡她，但慢慢地覺得她就是我們的媽媽，我們就是她生的，一直就是……」

我記得他跪了一天，到了深夜也不起來，這是多少親生子女也做不到的。都知道人死不能復生，就算哭死，死了的人也不會活過來。到了晚上，也沒有甚麼人守靈，我蹲下想勸勸他。

他一天沒有吃飯也沒有喝水，人已經很疲勞，跪在地上看著老人蓋著的白色單子發呆，我拿著一杯水對他說：「你不吃飯怎麼也要喝口水，身體的水都快被你哭乾了。」

他說話都沒有甚麼力氣：「謝謝你，大了師傅，我會喝水的，但我現在不渴也不餓。」

我安慰他說：「你媽媽如果活著也不想看到你這樣，她會心疼你的，人死不能復生，你也不要太難過了……」

老半天他都不說話，突然他對我說：「你不知道，我對不起我媽，我媽有一隻眼睛是瞎的，就是被我小時候拿彈弓子打瞎的。這個事情我姐姐都不知道，誰也不知道，只有我和媽媽知道，她說是她不小心摔的。我越長大越覺得對不起她。到了媽媽老的時候，視力越來越差，都快成瞎子了，她還摸索著給我做飯。」說著，他深深地歎了口氣，眼淚又不停地往下掉：「我媽一輩子都是為了我們，她說是為了我們她才活著的，沒有我們她早就死啦，她說，她這一輩子要感謝老天爺給了她三個孩子，三個好孩子……可是我，一點也不好，讓她操碎了心。我到現在也沒有對象，她經常偷偷地哭，有一次哭著對我說，『孩子你受委屈了，如果不是媽媽拖累你，你也許就找著對象了，媽媽心疼你，心裡難受……等我死了，你自己一個人怎麼辦呢？』三個孩子她最不放心的就是我。我最怕看見我媽哭，尤其最怕看到她那隻受傷的眼睛，流眼淚……」說著說著，他又哭出聲來。

如果快樂，一輩子就是一眨眼的功夫。

都說人只能活一次，
但是人也只能死一次，
這樣看，
生死還是很公平的。

# 一生有多快取決於你有多快樂

齊大爺是我爸的棋友，兩位老人到了晚年因為一個共同的愛好，成為了好朋友。我爸去世的時候，齊大爺也來了。他找到我對我說：「小子，等有一天我不行了，我可要找你。」

我說：「您這身子板兒好著呢，您快好好活著吧！」

他拍了拍我的肩說：「那我們就說定啦！」

就這樣，我和齊大爺有了一個生死的約定。

我家和齊大爺家住得不遠，我經常看到他和幾個大爺兒坐在小區公園的一角，擺個小桌子，一下就是一整天。就算冬天，只要不下雪颳狂風，都能看到他。有時他也會抬頭，恰巧看到我，老大聲音跟我打招呼：「小子！剛回來啊？今天死幾個啊？」

我也會老大聲音地回答他：「啊……剛回來，今天您又把誰給殺啦？」

然後我們各自大笑。他低頭繼續，我走我的。

當我媽在一天早晨很正式地通知我說，齊大爺讓你去他家裡一趟的時候，我捧著一套兩個雞蛋的煎餅果子，嚼著就去了。到了齊大爺家，他看到我還吃著，趕緊讓大娘給我倒了一杯水，看我吃，我都不好意思了，大口地吃著說：「我媽說您找我？嘛兒事兒啊？您儘管說，只要我能幫忙的一定幫！」

他看著我很嚴肅地對我說：「我的這個事兒不大，你一定能辦。前幾天我被檢查出癌了，醫院說呢，到了晚期，已經沒有必要做手術，就是住院化療。小子！我回來以後和你大娘和孩子們一合計，我不想化療，不是大爺沒有錢，太遭罪啦。我有幾個老哥們都是癌症死的，我也去醫院看過他們……我老了老了，就算死也不能那樣死！哦……為了活著卻比死還難受，我不去！所以呢，我打算把家裡存的錢，拿出來一半兒，四處去走走，趁著我現在還能動……」

我再也沒有胃口吃下去，一個字一個字地聽大爺說完。他看我不吃，不好意思地說：「你看看，因為我，你浪費半套，沒關係，這個星期日，大爺請你吃好的！這個星期日，小子，你再忙你也要去，我在咱小區門口的飯店訂了兩桌。請親戚朋友甚麼的都過去，聚聚。聚完，我就玩去啦！」

齊大爺說得越是無所謂，我越覺得心眼裡不舒服，聽大爺說完，胃和心都開始疼起來。我覺得我說甚麼都沒有用，其實說心裡話，我覺得齊大爺是個明白人，天天這棋沒白下。生死本來就那麼個事兒，和逃避相比，面對需要勇氣和膽量，但也更讓人踏實。

我走到齊大爺身邊，對著大爺說：「別那麼灰心，您可是鐵老頭，就算癌細胞看見您，它也被您嚇跑了！要不，我們再去趟北京的大醫院看看，我看您這紅光滿面的，別再是誤診甚麼的。您說呢？」

「不看了，小子，你別安慰我，誤診不誤診等我旅遊回來就知道了，你以為那癌細胞是吃素的，不可能！大夫說了，我也就只剩下兩個來月啦！」

我心想：「大夫真誠實，真敢說，跟判官似的，這就給人家下了死亡判決書了？比我還厲害，我也是服啦……」

星期日那天有家白事我都沒有去，早早地就到了齊大爺家，老人家正和新娘子一樣，不知道穿甚麼衣服去吃飯才好，西服和中山裝這兩個選擇讓大爺糾結了半天，最後選了一套藍色的中山服。頭也是新剪的，整個人看起來，一點也不像個只有兩個月就要死的人，我看比我還結實。

我和齊大爺一家走到飯店，他讓我坐在他身邊，另一邊是他老伴兒，看我這地位，我代表的就是死神，弄得我特別緊張，手心都是汗。

吃飯的兩桌是在一個雅間，齊大爺看人都到齊了，站了起來，很大聲地說：「大家安靜一下，讓我先說幾句。」

頓時一片安靜。

大爺繼續說：「讓大家來的目的，你們可能也都知道，就是我最多呢，還有兩個月的活頭，我算了算六十多天的時間，我呢，還有很多的打算，看時間有很多是來不及做了，真是時間緊任務多。但是不管怎麼樣，我是不會去醫院等死的。今天把大家喊過來，就算是……就算是個告別吧……是個告別會！我活了一輩子，如果有甚麼收穫，也就是你們在座的這些人了。今天我們就打開窗戶說亮話，你們有甚麼要和我說的，趕緊說，過了這個村，我可能就過去啦，再也聽不見啦！我和你們有甚麼話，我一會兒單獨和你們說。但是，今天誰也不許給我哭！哭嘛兒，我還沒死呢？我不喜歡看見你們哭，我喜歡看見你們笑，讓我記住你們笑的樣子，我也給你們留下笑的樣子，這樣多好啊！」

説到這裡，齊大爺舉起酒杯説：「人這一輩子，説長不長，説短不短，但我活到今天我告訴你們，一生有多快取決於你有多快樂！如果快樂，一輩子就是一眨眼的功夫。都説人只能活一次，但是人也只能死一次，這樣看，生死還是很公平的。你們説是不是？來，讓我們祝，每一天都活得快快樂樂的，一生都快快樂樂的！」

我在心裡給齊大爺挑大拇指，真是明白的老人，一點也不糊塗。那天我和大爺都沒有喝多，我們單獨聊了聊他的後事。大爺告訴我：「我小時候在海河邊上長大的，你把我的骨灰撒在海河裡吧。我就這一個要求。」

我狠狠地點頭，沒有説一句話。我看到齊大爺的眼裡有了淚花，他低下頭，擦了擦眼睛説：「我夠本了，我活得夠本啦，沒甚麼遺憾，挺好的……」

齊大爺打破了醫生的魔咒，活了足足四個月。遺像不是大頭照片，是一張小時候的照片，這也是他提前和我說好的，我記得他把照片遞給我的時候說：「我身體老了，但在我的身體裡面，我永遠是照片裡的這個孩子。」

照片是一張老照片，在正式的照相館照的，照片裡的齊大爺開心地笑著，少了一顆門牙。

值得一說的是我們去海河撒骨灰，遇到了一個困難，因為是最寒冷的冬天，海河都凍上了。

在海河上有很多孩子大人在滑冰，還有人把冰鑿了一個窟窿釣魚。還有游冬泳的，年齡都不小了。有一位大爺我看怎麼也有七十多歲了，看著他走進碎冰裡，我禁不住打了一個哆嗦，太厲害了。

等游冬泳的人走了，我們和幾個齊大爺家的親屬一起，把骨灰撒了下去。說真話，我總有一種把骨灰撒在游泳池裡的感覺，不知道是不是只有我一個人這樣想？

撒完，我看著海河，想像著齊大爺小時候在河邊玩的樣子。我想，水一定比現在要清，河對岸也不會有這麼些個高樓大廈。不知怎麼，我突然想著齊大爺曾經和我說的一句話：都說時代在進步，可能是我老了，我就想不明白啦，是時代進步了還是我們退步了呢？

我想在最後那刻，

人用意志控制住了甚麼呢？

是自己的身體，大腦，

還是死亡？

# 意志控制死亡的時間極限

今天我要很嚴肅地和你們說說，死亡和死亡相關的奇怪想像。非常嚴肅！這是我研究很久的一個詭異死亡現象——意志控制死亡的時間極限到底是多少小時。目前我親身經歷看到的最大極限是四天零五個小時，也就是一百零一個小時。

不知道你們經歷過這樣的事情沒

有，老人去世前知道想見的那個人已經在趕來的路上，老人一定會等，等到看到那個人，只要看到了，眼睛立刻就閉上。前後也就幾分鐘的時間。

有一回有人問甚麼是意志？其實也沒有問我，可我想都沒有想脫口就說：「意志就是一個人馬上就要死了，但是因為心裡有個人還沒有見到，所以一直堅持著不死，直到見到。誰有這樣頑強的意志，幹甚麼都能成。連死都沒轍兒。」

我想在最後那一刻，人用意志控制住了甚麼呢？是自己的身體，大腦，還是死亡？想著就有點亂，可能只有我才會無聊到想這樣的古怪問題吧？

拚盡所有力氣也要見到的人，他們是死者的甚麼人？和死者生前有甚麼樣的事情發生？隨著死者的離開有時成了謎團，顯得不重要了。但對於我這個死亡愛好者，這卻深深地吸引著我。別人不會懂得，就好比沒有人懂一隻貓為甚麼能和一個毛線球玩上一整天。我對朋友圈沒有興趣，死亡讓我慢慢地遠離了正常人的生活，可我這個非正常人，還樂呵地陶醉在死亡學其中。對於死亡好學者，連死神都給我開小灶，又給了我一次「就是等待就是堅持不死」的研究機會。

首先我要感謝那家人，提前兩天就把我請去。還要感謝死者的兒子，一直扣著我，不讓我離開。這個有殺力的老人在等的人是她的孫女，孫女在外地上學。人們已經給孫女打了電話，她正坐著飛機飛來天津，見奶奶最後一面。

老人在昏迷後醒來，斷斷續續地問：「小雅……來了……沒有啊？」陰森沙啞乾枯的聲音彷佛來自另一個世界，從一個很深很深的山洞裡傳出來。又好像一股熱風從沙漠颳過來，似乎老人在剛才昏迷的時候，去了一趟大沙漠。

這不得不讓我浮想聯翩，死亡地、死亡途經地，要不就是死亡中轉站，是缺水乾旱荒涼的。每次老人醒來，她的家人會用棉簽沾上水，輕輕擦著她的嘴唇。老人的嘴唇乾枯得就像一片被曬乾的落葉，使我更加堅定了自己的推理。

等。等待。飛機晚點。繼續等待。

家裡的所有人都在等著。老人等著孫女。孫女等著飛機起飛。世界就是這樣，有意思，也沒意思。

對於我們，可能沒有人不會注意時間，上班吃飯下班吃飯睡覺都有用。可不嗎？上班晚一分鐘你試試？真是誰遲到誰知道。但是對於一個將死的老人，她已經用不著時間了，白天黑夜也沒有任何意義。她只關心，我的孫女來了沒有？

等老人去世的人，度日如年，幾乎每五分鐘就有人看一下錶。還好現在有手機，要不瘋兩個也很正常。在老人沒有去世前，我是沒有用的，好像有電燈就用不著點蠟燭一樣。老人活著，我就是個沒有任何用處的蠟燭。

大家只等著老人去世，盡快地結束這一切。每個人嘴上不說，臉上都寫著，覺得老人的死和晚點的飛機一樣。

老人又醒過來，我坐在一邊，每個人都不說話，所以不管屋子裡有多少人都特別安靜。我聽見老人微弱的聲音：「我剛看見黑白無常了。」低頭看手機的人都抬起頭，等著老人後面的話。

老人嚥了口唾沫，很辛苦地說：「我和他們說，等等，再等一會兒……然後他們就從窗戶飛出去，現在在外面等我了……」

聽的人都聽清楚了。老人可能是做夢也可能是幻覺還有可能是真的，誰知道呢？心中有鬼的害怕，沒有鬼的還那樣兒。有鬼沒有鬼，誰知道呢？

終於老人的孫女來了，一進門就跪在老人床前，哭著大聲地喊：「奶奶！我是小雅……我來了……奶奶我來了……」

老人睜開眼睛，看了看孫女，沒有任何表情，只是點了點頭，說了甚麼，但人多太亂又都在哭，我沒有聽清楚。

果然幾分鐘以後，老人的魂魄跟著黑白無常飛走了。

她用意志控制死亡的時間是五十六個小時。

還有另一個發現就是，我發現自己做死亡研究的時候，特別酷。

有時孩子的死不只是他一個人的性格原因，都是做家長的給的愛太多了，其實最後反倒是害了孩子，也害了自己！

# 親，你死給誰看

我有幾次網上購物的經歷，開始特別不習慣一上來就管我叫「親」，覺得這個字很敏感，和愛有關係。時間久了以後，才慢慢適應，「親」是個親切的稱呼，就是「親愛的顧客」的意思。

我要說的死者，他就是在網上賣東西的。但我要說的和他的職業沒有甚麼關係，我不想知道他怎麼活，我只關心他怎麼死。躺在我面前的年輕小伙子，他是自殺死的。

你可別以為自殺死的人都有一個特別偉大的理由，反正以我大了的經驗看絕對不是，有人會因為一點很小的破事兒就自殺。有時我就想，如果這個自殺成功的人，睡一會兒再吃點好的，可能就不會死。有些人就是急脾氣，不跟我似的，他們沒有拖延的壞習慣，想起來就做，雷厲風行的，想起哪齣是哪齣，要立即執行。

我要說的這個死者就是這樣的情況。年紀輕輕的，因為他追求的姑娘有了喜歡的人，他就受了刺激。我們不是經常說一句話：「你樂意嗎？不樂意，死去！」死者就是這樣，「我愛你，你不愛我，我死去兒。」說句不該說的話，死者真是個缺心眼的有志青年。

我看著他的屍體，想老半天，以我的智商情商，我是真不理解，他自殺死了，到底是甚麼意思呢？是「為愛捐軀」，還是「眼不見心不亂」，太讓人費解了，簡直就是個謎。

他死了，可他喜歡的姑娘，不會因為他死了就良心發現，或者因為感動愛上他。而他的父母，只有他這一個孩子，一心一意地愛著他二十一年。

要不說，現在的孩子都太任性呢。一生氣就賭氣，要麼離家出走，要麼死給你看。我真想對死者很專業地說：「親，你死給誰看啊？」親，你也就死給愛你的人看。因為愛你的親人才會為你傷心。

要不還是要說我媽這位老太太有生活呢，總結得又經典又到位：「現在的人活得太馬虎，死都不知道自己怎麼死的。」

真是可憐天下父母心。死者的母親哭著對我說：「大了，你看看，這是我給皓皓買的衣服，都是他喜歡的運動服。他才二十一歲，總不能讓他穿壽衣……走啊。」她一件一件地拿給我看，最後手抖著拿起一雙白色襪子說：「皓皓就只穿白襪子，大了師傅，您一定要給他穿上襪子，他的腳打球的時候受過傷，最怕著涼。一定記得！」我點著頭說：「您放心，我會的。」

可我心裡卻不是這樣說的，我心裡的版本是：「這樣的倒霉孩子，就是你們這樣的好媽媽好爸爸，無怨無悔地傻對孩子好，給寵出來的！要甚麼給買甚麼。最後呢？好了！要個姑娘，可人家姑娘不是變形金剛，不是玩具，買不了又得不到。從小已經習慣了，要的就必須得到，得不到我就不活啦！有時孩子的死不只是他一個人的性格原因，都是做家長的給的愛太多了，其實最後反倒是害了孩子，也害了自己！」

死者的爺爺有錢，是我見過最有錢的死者的爺爺，他跟我說：「我孫子最喜歡看電視，玩電腦還有手機，我想把這些都給他帶走！」

我說：「行，沒有問題，爺爺，電視手機電腦我們都能做，送路的時候還會有洗衣機冰箱，現在連小汽車都有，做得又漂亮又結實。您放心。」

爺爺聽我說完有點著急：「你說的那些都是假的都是紙做的，這不是騙我孫子嗎？紙的電視能看嗎？你不明白我的意思，我說的是真的電視，就是我們平時看的電視，在商場裡買的電視機！我已經讓人從商場裡都買回來了，都是新的還都沒有拆封的。就當我這做爺爺的最後的一點心意吧……」

好麼，我一聽，要燒真電視電腦手機，那不要爆炸啊？在馬路中間，燒真的電器？如果爆炸了，再出點事，這可都是我的責任。我不是進派出所那麼簡單，還不得進監獄裡住個一年半載的。

爺爺是說完了，我腦袋裡頭可亂套啦。我越想越覺得燒真的電器這事兒挺嚴重，但是我又不能拒絕，畢竟這是一個老人對死去孫子的最後心願。要不說現在招聘都寫上一條，有工作經驗優先呢，工作經驗太重要了，我是一個有工作經驗的大了，我立刻就想出了一個兩全其美的辦法來。

我對爺爺說：「您看您還有甚麼要燒真的，家用電器或者甚麼別的真的東西？您再想想，您孫子還喜歡甚麼？想好了買好了以後，我們一起都給您孫子燒去。但是有一條，在送路的馬路上可不能燒，別說警察管，就是警察不管也太危險啦，我給您找輛車，再找幾個人，我們帶上汽油和所有的家用電器甚麼的，我們去個安全的地方燒。您如果還覺得送路人太少，我們可以再找輛大汽車，旅遊車那樣的大客車，把所有的親戚朋友都帶著去。送路還是送，但就是換個地方，因為您送的東西也都不是紙做的，所以也不能和一般送路的一樣。您看這樣行嗎？」

我跟單田芳說評書似的，一口氣說完。然後觀察爺爺的反應，心裡想，如果他不同意，他就只能把我換走啦。

爺爺不愧是成功的商人，想了想，點頭說：「大了師傅，你說的也有道理。我確實沒有想到。好吧，就聽你的。」

晚上天黑下來，我看見門口停著兩輛大型旅遊車，還有一輛貨車。死者的家屬留下幾個人守靈，其餘的都默默上了汽車。在夜幕下，好像是個旅遊團去哪兒旅遊一樣，唯一和旅遊團不一樣的是，每個女遊客都是哭著上的車。

我看著熊熊的大火燒起來，濃煙滾滾，心想著有多少孩子可能連學都上不起，這裡卻為了一個死去的孩子，燒真的電器，是真在燒錢。我想，這樣浪費的做法到底是為了誰呢？真是為了死者？還是他的爺爺為了解心疼？

想半天我也沒想明白，還嗆得我夠戧，咳嗽好幾天。

# 如果死亡是黑暗的，

那熊老太太就是光，
她輕而易舉地把黑暗撕破，
像個熊孩子一樣。

# 熊老太太

我要說的這個老太太她不姓熊，她姓王。我看現在流行把那些特別調皮的孩子叫做「熊孩子」，所以我就把我遇到的這個老太太稱為「熊老太太」。我這樣叫，你大概能明白，這個老太太她到底有多淘氣了吧？

人到了七十歲以後，身體和腦子都開始老化，比如老年癡呆症或者半身不遂甚麼的就都找上門來，但是卻有極少數的老人，他們像是吃了唐僧肉，越活越精神。你也一定遇到過這樣的老人吧。白事上我遇到的老人都很可憐，不是老人去世，就是老人的老伴兒或是家人去世，他們都非常難過傷心，哭得死去活來的。每次我都擔心老人們的身體，怕他們也出點嘛兒事兒。

熊老太太一點也不傷心，不哭還很高興。你可千萬別以為老太太腦子有甚麼毛病，一點也沒有，她就是性格好，太有知識太有文化，太陽光。其實不瞞你們說，剛開始我也以為老人精神上不太正常，後來一和老太太接觸聊天才知道。她是個地地道道的老頑童，老小孩兒。

老太太的老伴兒病逝以後，她不僅不哭，還找出來一件大紅色的毛衣穿上，擦口紅，跟要去參加婚禮一樣。跟誰說誰都要以為這個老太太不是瘋子就是有毛病兒，要不這心得有多大？

我偷偷問她：「大娘，您老伴兒今天剛剛去世，我看您怎麼還穿了件大紅毛衣？我看您也不哭，為甚麼啊？」

老太太回答我說：「孩子我告訴你，你看那些哭得很傷心的人，他們大多數不是哭死人，是哭他們自己。為甚麼說哭他們自己呢，我告訴你啊，因為死的人甚麼都不知道了，但活著的人卻永遠地失去了他們。我們活人都是自私的，沒有的如果有了，就高興得了不得啦，但是有的一旦沒有了，就開始哭了。人們覺得必須要有，或者是有的不能拿走。但是老天爺權力多大啊，他可不管你是怎麼想的，他就能給你拿走。」

我聽了覺得這話在理兒，更好奇，又問：「別說去世，就是出遠門，走了我們還要傷心呢，那您怎麼一點也沒有呢，我看您好像還挺高興的？」

老太太對我笑了一下：「我們人一生下來就是這樣，一傷心就哭，好像是鬧鐘給我們定好了點，到那個時間準響一樣。人就是這樣的，用哭表示傷心，如果用笑表示就是這個人有問題啦，病啦，因為這個人和我們都不一樣，和所有人都不一樣就是病，就是不正常，就是不對。

你想想，假如在一個小島上，人死了都笑，從來就是這樣，如果你去了，你哭了，那你就是那個有問題的。你說對嗎？」

我像聽老師講課又像是聽老和尚講經，有點明白又有點糊塗。我沒有再問，我需要自己靜靜，消化一下。

她不哭就算了，她還勸別人。死者的妹妹，哭得老傷心，熊老太太，拿著毛巾過去安慰說：「我說老妹子，你這是湊嘛呀？人死不能復生，再說我們都活到這把年紀，死是早晚的事情。聽我的，別哭啦，你看我給你拿甚麼好東西來啦？相冊，傻哭有甚麼意思，還不如我們看看相冊。你看，這是我們結婚第二天去照相館拍的，對了還有這張，你看你哥哥，那個時候多好看，眼睛笑起來都能說話。他啊，這輩子就是不喜歡說話，到了老了，話倒多起來。快看快看，這張這張，你還記得嗎？」就這樣，全屋子的人沒有一個哭的，都圍在老太太身邊，聽她講照片裡的故事，她可會說笑話了，說著說著大家就跟著她笑起來。

我坐在一邊看著，被深深地感動了。這是我看到的所有白事中最感動我的場面，沒有眼淚只有溫暖的懷念。我想起老太太對我說的那些讓我不理解的話，覺得我開始有點明白。

一個人去世，不是要用哭用傷心難過來表示的。可以有更好的表達方法，人已經去了，但這個人留給親人朋友身邊人的，共同經歷的、一起生活的所有記憶不會死。

老太太只要看到有人傷心地哭，她就過去，跟那個人說：「好了好了，你哭著，我給你講一個故事。故事的主角就是現在躺在棺材裡的這個人，他可鬧了不少笑話，你慢慢哭著，我給你說一個他的笑話吧。你要不先歇會，哭半天啦，聽我說完，你如果還想哭，你就繼續哭，不過回頭我和別人就可以吹牛說，我講個笑話把聽笑話的人都講哭啦！」剛剛還哭的人聽了以後，擦擦眼淚，笑了。

熊老太太頑皮了，可我卻真心喜歡她，喜歡她的樂觀還有她對死的解釋，這些都讓我對她又敬又愛。

如果死亡是黑暗的，那熊老太太就是光，她輕而易舉地把黑暗撕破，像個熊孩子一樣，用淘氣的語氣，對著黑暗中的死亡說：「讓你黑！讓你黑！看你現在還怎麼黑？看我不亮瞎你的眼！」

白事結束以後，我和熊老太太成了好朋友。

她跟我說：「等我死了，也要穿大紅色的衣服。大紅色是不是會顯得我的臉有點血色，好看一點？死了好看點也是好的。再說都挺忙的，為了看我一眼，大家都克服了困難才來的，我不能讓大家失望。你就按照結婚給新娘子的標準，給我打扮就行。」說到這兒，她壓低聲音說：「你別擔心，其實特別簡單，你就多抹胭脂，這兒還有這兒，多抹點，這可是我半輩子化妝所有的秘密。你記住就完了，別和別人說。這是我們的秘密哦……」

我們打算把葬禮辦成一個攝影展，把我們從小給孩子照的照片都展覽出來，電視裡會播放我們給孩子錄的視頻。

任何職業做久了，都會有麻木的感覺，大了也是一樣。但這個職業有時也會給我不一樣的新鮮感。是的，我說的新鮮當然是指白事。

進入網絡和手機時代以後，你沒發現人們多多少少都有了一些變化，連我媽都有微信了，這個世界已經變得越來越信息化，有時我都擔心，信息量太大，人的腦子能裝得下嗎？

請我辦白事的是一對年輕父母，他們的孩子只有六歲，白血病離開了他們。他們是一對攝影師，我一看這兩個人就是很有意思的人。你問我怎麼看的？一家白事只有一個死人，可一家白事有多少活人呢？所以我看活人就看得多了去啦，看多了以後，就能看出來。

首先是他們穿得都很有範兒，其次是說話。

孩子的爸爸說：「我們想給孩子，辦一個和傳統葬禮不一樣的葬禮。畢竟孩子還那麼小，我想辦一個更適合孩子特點的，不要燒紙花圈，也不要棺材，更不想每個參加娃娃葬禮的人都大哭大鬧的。其實生死本來就是很正常的事情，只是我們的娃娃走得太早了……」

我聽得有點迷糊：「那你們打算怎麼辦呢？你們打算讓我做甚麼呢？」

孩子的媽媽說：「我們打算把葬

禮辦成一個攝影展，把我們從小給孩子照的照片都展覽出來，電視裡會播放我們給孩子錄的視頻。請您去，是想讓您給我們幫個忙，以您一個大了的身份，說服娃娃的爺爺奶奶姥姥姥爺，讓他們同意。如果我們自己說，可能夠戧。」

我眨巴眨巴眼兒，信息量太大，我正消化著的時候，孩子的爸爸站起來說：「好了，現在我們可以走了。四位老人還在家等著我們了。是他們說辦喪事，必須要請大了的，您看您還挺重要的。」

我也不知道說甚麼好，好像只能跟著他們走。一路上我心裡直嘀咕，還有點心虛，因為說話可不是我的強項。每次我去辦白事，那一進門就朝著死者下手，忙都忙不過來。再說了，我覺得這不是讓我撒謊嗎？撒謊就是欺騙，我覺得自己好像是個傳銷分子又像是個電信騙子。反正，我腦子轉飛了，智商明顯不夠用。

到了他們家，四位老人都坐在一排，兩位老奶奶正哭得很傷心。我一看更緊張了，跟面試似的，又鞠躬又點頭的，胡言亂語地開始說：「我是大了，我爸爸的爸爸他們都是做大了的，所以我也是。您們還不知道吧？現在我們辦白事和以前不太一樣啦，我們會根據年齡辦不同的白事！根據您家的情況，我剛才和孩子的父母商量，打算辦一個與眾不同的葬禮。」

老人們沒有一個說話，哭的兩位老人也不哭了，四個人都用奇怪的眼神看著我，等著我說完。

我嚥了口唾沫說：「我們打算把孩子從前的照片都展示出來，把從前給孩子錄的視頻在電視裡播放。沒有大哭大鬧燒紙甚麼的，不用棺材，把孩子放在鮮花之中……總之就是我們大家聚在一起，安安靜靜地把孩子送走……就是這樣。您們覺得可以嗎？」

孩子的父母坐在我旁邊，其中一個老爺爺看了看他們兩人說：「這是不是你們兩個人的主意，別為難人家師傅了，娃娃是你們的孩子，你們想怎麼給孩子辦，就怎麼辦吧。」

當老人們同意以後，基本上就沒

有我甚麼事兒啦，夫妻兩個人找來了很多幫手，很快照片都掛起來，娃娃穿著童話裡公主才穿的粉色紗裙，頭上戴著花冠，跟裝在盒子裡的娃娃一模一樣。她的身邊都是鮮花花瓣，白色的蠟燭圍在最外面，擺成一顆心的形狀。

雖然是白事，雖然我是大了，但跟我沒有關係一樣，我看著一張張娃娃的照片，和那些在照相館照的不一樣，她沒有擺出固定的姿勢，都是生活裡最隨意的樣子。

有一張照片我看了很久，那是娃娃在醫院，她看著窗外，把鼻子貼在玻璃上，眼睛黑得像是黑色的珍珠，可眼神卻是難過的。那個眼神，我說不出來，好像是一隻小動物被關進籠子裡，又渴望又無奈又絕望地看著窗戶外面。我想，醫院對於她可能就是玻璃做的籠子吧……

還有兩段視頻，我現在還記得特別清楚。

一段是娃娃還小，看著也就三歲的樣子，她正在玩著一個娃娃，旁邊桌子上放著手機，那是一個翻蓋手機，手機響了，她大聲地喊：「媽媽，你來電話了！」媽媽走過來拿起電話，剛要翻開，娃娃問：「是爸爸嗎？」媽媽點點頭。娃娃悄悄地對媽媽說：「媽媽，你等一會兒再打開蓋子，憋一會兒，憋著不讓我爸喘氣，看他還敢用鬍子扎我！」媽媽大笑起來，娃娃用小手捂著嘴，縮著脖子，像一隻小雞一樣「咯咯」地笑。那個時候她還沒有生病，還是一個健康可愛的小女孩。

有一段是娃娃病得很厲害，她躺在床上，拉著爸爸媽媽的手說：「媽媽，我很乖是不是？扎針的時候也不哭，是個堅強的孩子。爸爸，你知道《白雪公主》的故事嗎？白雪公主死了以後，有七個小矮人把白雪公主放進棺材裡，後來來了個王子，親了一下白雪公主，白雪公主就又活了……爸爸，你最帥了，和王子一樣帥。我死了，你親親我，我就又活了，是不是？媽媽，你讓我爸爸刮刮鬍子再親我，爸爸的鬍子扎臉。媽媽，你到時候提醒爸爸啊，他總是忘。」說到這裡，娃娃伸出手，摸了摸爸爸的臉。

最後一段視頻，我不敢盯著

看，它播放一次我就難受一次。很多白事，可能因為我不認識死者，我和死者是完全陌生的，不知道他喜歡甚麼討厭甚麼，怎麼笑怎麼說話。在我手裡死者更像是商店櫥窗裡放著的塑料模特，沒有感情沒有生命，我把他們整理整齊，就好像把一盆花草擺弄得更好看。

當我看到娃娃的照片視頻，使我覺得這個死去的小女孩，她走進了我的記憶，就算她已經死了，但在我的記憶裡她是活著的。

突然之間，我覺得這場白事，是我經歷的所有白事中，最溫暖我的。

我卻想讓船往海裡再開遠點再遠點，
圓我爸一個海員夢。

# 資深大了的一生

我爸在臨終的時候特別清醒，把我叫到身邊，對我說：「我死了以後，你不要當我的大了，你要做我的兒子。你請黃伯伯來做。我們家是做這一行的，你應該知道人有生就有死，這本來就是很正常的事情，所以你和你媽媽不要大哭大鬧的，讓人家看到了笑話我。安安靜靜地把我送走就行，骨灰不要存放，租一條船，撒向海河。以後你媽也和我一樣，我們在大海裡團聚。兒子，我不許你哭！爸爸其實很想對你說對不起！也不知道你願不願意幹這行，從來沒有問過你，從你懂事開始就帶著你，我希望你是願意的。我從你爺爺手裡接過這攤活，我只能傳下去，也只能給你。」

救護車把他送回家，我給黃伯伯打電話，一切都是那麼熟悉，只是這次死的不是一個陌生人，是我爸爸，是從小領著我四處做大了的師傅。

在一場白事裡我不是大了還是第一次，我只是一個兒子、一個孝子。從黃伯伯那裡我也是第一次知道，爸爸原來一直想做個海員，原來他也曾有過自己的夢想。而在我的記憶裡，他甚至沒有年輕過。我看著他的一生就看見了我自己的。

在深夜就我和他兩個人，他躺著我坐著。我把遮擋他的白布打開，第一次認真地看著他。想起小時候，他帶著我去做大了，開始領著我的手，後來走在我旁邊，然後他走在我前面，最後我走在他前面。突然之間他就老了，不再和我一起出門。但每次我回家，看到他時，我能感到他是欣慰的，就像他是個老師，看到他的學生得到了特別棒的成績。他唯一的心願是看到我結婚生個兒子，我沒有滿足他。

他可能自己都不知道，自己這一生到底做過多少白事，送走過多少人，現在他也去了那裡。在他離開的最後時刻，我一直守在他身邊，從他眼裡我沒有看到一絲一毫的恐懼，他只是平靜地呼吸直到最後。他不再說一句話，不再睜開眼睛，但我知道他心眼裡是清醒明白的，他在回顧他這一生，像一場電影在回放，從最後面往前看。我不知道是不是所有馬上要離開這個世界的人都會這樣。我才發現，等我看到他們的時候，他們幾乎都是冰冷的，而我要做的是讓冰冷的身體盡量體面。突然想起爸爸經常對我說的一句話：「死者更要有他的尊嚴。他必須得到尊重。」生命可能在我們擁有的時候，是微不足道無人注意的，只有在死來臨的時候，生命沒了不再是你的了，我們才突然發現它的珍貴。

摸著我爸的手，感覺真像一塊冰冷的木頭。真像他說的，他成了一棵植物，一棵老植物老灌木。

我對他說：「你這個資深的老大了，現在也安靜地成為被大了開光時整理面容衣服、往手裡塞上紙做的元寶的人了。從前你做這些的時候多麼熟練，我從小就是看著你做的，不知道甚麼時候怎麼的，我也就會了。多神奇！在鄰居的孩子都還在玩遊戲的時候，我就只能跟著你，與死人打交道，弄得我的童年都是死人。從懂事開始我就知道，人是會死的。我問你：『死是甚麼？』你回答我：『死是個遊戲。』『是和捉迷藏一樣嗎？』你說：『差不多。躲起來，沒有人能找到了。』」

我親眼看到我爸被推進火化爐，看著他爐子裡的火燒起來，他就像根被點燃的火柴，明亮的火把他團團圍住。又特別像一個蠶繭在火中燒著，最後將化繭成蝶？每個人都會這樣吧。

我和我媽租了一條漁船，那天風浪很大，船開沒多久，我就吐了。海水也不藍，天是灰色的，不知道是霧還是霾，反正看不清遠方。我卻想讓船往海裡再開遠點再遠點，圓我爸一個海員夢。當我把骨灰撒向大海的時候，開船的人跑過來對我說：「這裡不能餵魚，你們撒魚餌也打不上多少魚。今天沒有魚群。」

# 尾聲

有一回我爸高興，我就問他：「爸，有個事兒，我一直就想不明白。我小時候，您為甚麼總帶著我去當大了？」

「讓你跟著我是為了讓你從小就習慣適應，習慣了就不知道害怕。人天生就害怕死去的人。所有的動物我們都怕活的，就是人，我們怕死的。人一死就是植物了，從動物變成植物啦！死人又不會吃人咬人的，怕甚麼呢？大家不是怕死人，是害怕死，怕和死人一樣。覺得離死人遠一點，就能活得時間更長一點。」我爸說：「做大了做了一輩子，整天就是給死去的人穿衣服，讓他們走好，聽到最多的就是哭。但是這一輩子白事讓我知道，人應該怎麼活。」

責任編輯　許琼英
書籍設計　陳小巧
排　　版　許靜鈿
印　　務　馮政光

書　　名　死亡筆記：禮儀師的生死見聞
作　　者　自然
出　　版　香港中和出版有限公司
Hong Kong Open Page Publishing Co., Ltd.
香港北角英皇道499號北角工業大廈18樓
http://www.hkopenpage.com
http://www.facebook.com/hkopenpage
http://weibo.com/hkopenpage
香港發行　香港聯合書刊物流有限公司
香港新界大埔汀麗路36號3字樓
印　　刷　陽光（彩美）印刷有限公司
香港柴灣祥利街7號萬峯工業大廈11樓B15室
版　　次　2020年9月香港第1版第5次印刷
規　　格　32開（142mm × 200mm）320面
國際書號　ISBN 978-988-8466-09-2